吴冰/著

有滋有味

中信出版集团 ·北京

目录

推荐序一
专 注

　　第一次在现实生活中见到吴冰是在《上菜》节目的拍摄现场，她身为主持人却以家庭主妇的身份参加了美食竞技比赛，而且烹制的佳肴得到了众位大师评委的点赞。不了解她的人，很难将她瘦小的外表和对美食强烈的热爱联系在一起。不论是节目中，还是生活中，吴冰给人的印象都是活泼又不失专注的，而她对于美食的态度更是如此。

　　《舌尖上的中国》之所以取得巨大成功，除了精湛的拍摄技术之外还有两个原因。一是因为纪录片用情感作为纽带，将其化作一缕家般的温暖，触动了每个观众最脆弱的内心；二是通过展现风俗、技法、选材、师徒关系等一般食客无从得知的美食的隐性魅力，让其置身于文化传承的氛围与自豪感中。纪录片的成功，令人欣喜，可我想说，美食的内涵和魅力还远不止如此。美食是人类最原始的追求，是社会文明的基础和文化差异的表现。在当下中国，美食是年贡献3万亿消费额的产业，是2000万餐饮同仁的职业选择，更是家人用心烹制的爱和关怀的表达。美食可以承载的内容太多太多，是爱好、是职业，也是梦想；是技艺、是艺术，也是文化；有憧憬、有亲情，也有责任。像吴冰一样的优秀美食媒体人对美食有着异乎寻常的热情与专注。

　　他们专注于大势。任何一个行业的良性发展，都需要有一个强音来引领和召唤，这也正是媒体的巨大作用。媒体人除了去发现、传承，还要站在行业的最前沿思考观察，解读焦点热点、把握潮流趋势，使行业实践中的薄弱环节得到改善和提高。

　　他们专注于好奇。"好奇"常常被用于描述初生儿探索世界的萌态，我认为这个状态便是成功的原点。美食的世界浩瀚朦胧，如能心无旁骛、天真无邪、无所畏惧，初生牛犊便更易接触到事物的真谛，更快地体验、洞悉、创造和表现。

他们专注于幸福。幸福不同于快乐，快乐是开怀一笑，而幸福存在于心。上到经济繁荣、行业发展的宏愿，下到烹制美食、暖汤热茶的美好，都可以成为他们在这条路上走下去的最佳伴侣。我相信吴冰会在美食圈感受到无限的幸福，并将此传递给社会。

如果说吴冰对美食的执着与热爱和她美食节目主持人的身份有关，那么她对厨行匠人的敬畏之诚，对美食文化的用情之专，对烹调技法的探究之切，已经完全超越了一位媒体工作者的职责。几年来，吴冰通过自己创建的自媒体平台发表了数百篇美食美文，组织了几十场美食沙龙，如今又有这本《有滋有味》的问世，她始终在不遗余力地为喜欢美食的朋友搭建全方位交流分享和体验的平台。这不仅是吴冰对中华美食文化热爱乃至痴迷的折射，更是她生活态度的体现。我本人作为中国烹饪协会会长，同时也是在餐饮行业工作了一辈子的长者，在此要向吴冰和众多为弘扬饮食文化并助力餐饮行业发展的媒体人致敬！感谢你们对中华美食这一民族传统文化的传承，感谢你们为餐饮人呼喊与传扬！

餐饮业承载着太多的期待和梦想，我们这些从业者在承载并分享前人成果的同时，也在不断创造着历史。愿更多的人通过此书了解美食，关注美食。

中国烹饪协会会长
二〇一六年十一月

推荐序二
文化之中，节目之外

　　中国的传统饮食文化成形于周秦，兴起于唐宋。几千年来，食材种类和烹饪技法不断丰富的同时，中国传统饮食文化还融合了阴阳五行、中医养生、文学艺术等多种元素，不仅以其各色菜品满足着人们的味蕾，其内里还有着深厚的底蕴。与之相关的，无论是器皿讲究、地域特色，还是民俗功能、历史典故，都既能因其趣味性而引起人们的兴趣，又能因其传统性而引起深深的共鸣。

　　如今的餐饮业中，有许多人正为传承我们独具魅力的传统饮食文化而努力着。他们或一丝不苟地学习并实践着传统的制作方法，还原经典名菜的原汁原味；或在保留传统饮食文化精髓的基础之上，结合当今人们的饮食习惯和需求，加以创新，为传统饮食增添新的色彩；或深入研究已有烹饪技法和文化内涵，并慷慨授予他人，为后继者传道授业解惑……正是有了他们的孜孜以求、不断努力，中国传统饮食文化才能始终传承并越来越发扬光大。他们是厨行中的大师，但他们的打拼故事却因其脚踏实地、兢兢业业，而有着来自平凡生活的亲切气息；他们或许不是风光无限的明星，但他们的经历却因沾染了各色美食的文化意蕴，而有着别处不一样的传奇。饮食文化意味深远，为之努力着并乐在其中的人们的故事，同样有滋有味。

　　同为餐饮业中的一员，我深感自己责任重大，我们不仅要为消费者提供健康美味的食物，令大众更加了解传统饮食文化的丰富内涵，还应支持这些为之努力的同行，记录他们的故事，肯定他们为饮食行业与文化付出的点滴。而这，也正是吴冰在做的事。

我对吴冰的了解始于《食全食美》，这是一档深受广大观众喜爱的美食节目，在餐饮业内部也颇具好评。吴冰作为《食全食美》的主持人，非常注重对每一期节目中美食背后的文化元素的挖掘，更难得的是，她对中国传统饮食文化的理解不仅已经充分融在了每一期的节目之中，还留在了节目之外——现在的她，不但是烹饪高手、美食达人，还有了这本《有滋有味》，集结了与厨行大师、与饮食文化深入接触才得来的文字。

翻开这本书，吸引你的或许是精美的菜肴，或许是华丽的菜谱，或许是有趣的故事，但我相信，你一定也会为字里行间的意蕴吸引，因为那有着厨间的文化浸染，那是来自千年饮食文化的深邃悠长。

中国饭店协会会长
二〇一六年十一月

董克平　央视《舌尖上的中国》美食顾问

　　饮食文化作为中国文化的重要来源与组成，一直在人们的日常生活中流转传承着。有人说，文化的传承主要是精神层面的事情，这种说法只看到了文化继承的一个方面，任何精神文化都要通过物质的载体体现出来，和人们日常生活密切相关的饮食文化更是如此。吴冰，这个美丽的新闻女主播，在工作之余访名师、学名菜，在丰富家庭餐桌的同时，更让诸多烹饪大师的拿手名菜得以继承、流传。这本书就是吴冰于此方面努力的记录，学习了技艺，传承了文化，于人于己，利莫大焉。

胡海泉　知名音乐人

　　做美食和做音乐，其实有很多的相通之处。同样的音符、同样的曲调，在不同音乐人的手中，会呈现出不一样的感觉。而每一位优秀的烹饪大师，也一定会把普通的食材，烹调出美妙的人生百味。所以，无论是要做出好的音乐，还是要烹出美的菜肴，都需要有一颗匠人之心，因为它们都是离我们的心最近的艺术。细细品读吴冰这本书吧，你会体会到比美食更美的味道！

金巧巧　知名演员

吴冰，绝对是我的闺蜜中做饭最好的，不是之一。所以，我在筹备"巧巧姐养生火锅"时，第一个就想到她。因为对于餐饮行业，我是个彻头彻尾的小白，要想做得好，必须得找个懂行的朋友在，心才有底。吴冰从锅底的味道，到食材的选择，都给了我很多好的建议。现在火锅店已经得到大家的认可，应该说吴冰功不可没。我相信，她总会以她独有的灵性，感悟到不一样的美食，所以，这本书绝对值得爱美食的你好好收藏！

李光洁　知名演员

"味"的探索，"心"的传承，极致之物都应被推崇。

当下，人们难免会被众多琐事所萦绕，精通生活艺术的吴冰，用智慧、情调和优雅的姿态赋予了传统菜肴新的灵感，使美学文化与传统文化巧妙融合，这仿佛是一种魔力，使人们对美食的了解开始建立一些真实的东西，开始不断探索出一种与时俱进的方向，尽可能贴近传统的美食文化氛围。在这三年中，每一次的潜心研究、精心烹制，融入进去的不仅仅是对美食新的定义，更是对中国传统文化精湛的传承。

健康越来越成为当下人们讨论的话题，千篇一律的菜式难免会使大家对健康追寻的焦点模糊。本书所介绍的美食，不仅仅是对"健康理念"的升华，同时也是对生活艺术更深程度的探讨。

每一叶的搭配，每一粒的成分，做到真正的物尽极致。唯美食与时尚不可辜负。

自序
烹饪美食，就是烹饪生活

　　我的第一本书就这样出版了。说实话，心情不是高兴，而是有些惶恐不安的。惶恐于读者会不会从我的书中体会到有意义的内容，惶恐于我是否可以把中国烹饪大师的心境表达清晰，更惶恐于看完书的你是否依然会把它好好珍藏。

　　从没想过自己要出书，因为我一直觉得，在烹饪领域我还只是一个婴儿，还在依赖母亲的乳汁给予我营养，没有了乳汁我会觉得自己奄奄一息。所谓的乳汁，就是这些大师的提携与陪伴。《食全食美》应该算是中国美食节目的鼻祖了，节目形式虽然传统，并没有太多花哨的包装，但干货很多。如果你是《食全食美》的忠实观众，看了多年的节目，那你无疑是烹饪的无敌高手了。2012年，我开始主持北京电视台的《食全食美》节目，在主持这档节目的四年里，我从一个烹饪的"小白"，变成一个热爱做饭的厨房达人；从一个用酱油炒一切的家庭式烹饪者，变成摆盘都会很讲究的"强迫症"患者；从对美食的评价只会说"好吃"的吃货，变成可以从层次到技法都娓娓道来的行家。这个蜕变让我对烹饪的喜爱渗透到骨子里。特别感谢这个节目给了我一个大氧吧，可以呼吸到醉，可以任性到狂。

　　我喜欢来我们节目做客的每一位嘉宾，特别是有大师来做菜的时候就格外兴奋，像小孩子期末考试得了100分要回家领赏一样。渐渐地节目中的内容已经不足以满足我对烹饪的喜爱。于是，我开始厚着脸皮，尝试着和老师们伸手要知识，尝试着和他们说能不能多和他们学习——事实上，我真的得逞了。只要一有休息的时间，我就会联系大厨们，申请进后厨学做菜。就这样，一次、两次、三次……一直坚持了三年。当时，只想到用微信和微博跟大家分享，还想了一个无比直白的主题——"大厨诞生记"。希望我的观众和朋友们，见证我的成长。当然，每学会一道菜，也很想和大家显摆一下，以源源不断的赞扬声，来满足我对烹饪略知一二的小小虚荣。

直到有一天，《食全食美》的制片人倪小康老师的一段话点醒了我，他说："吴冰，你可以出一本书，把学菜的过程和故事记录下来，留存在更多人的记忆中，会更有意义。而且，一位女主持人，愿意钻进酒店后厨，和大厨们认真学习，这精神也是值得点赞的。"这一席话着实让我思考了好一阵子。确实，三年的拜师学艺过程中，我的兴趣点已然从对菜变为对人。是的，每一位有影响力的烹饪大师都是一位匠人，更是了不起的艺术家。在每一道菜的背后，都有触动心灵的故事。这时，我才坚定了要出一本书的想法，让更多的人了解这些美食艺术家的成长，能更正确地理解中餐的传统烹饪是多么不容易传承下来。哇，顿时使命感和责任感爆棚。于是，手忙脚乱地开始准备出书，就有了今天的《有滋有味》。

必须明确一下，这本书不是菜谱，而是一部图文形式的"纪录片"。小女子无才，不知道如何修饰和渲染，只是把我的感受记录下来，只要认真读了，自然会懂我所说的。再有，要说明的是，我对于大厨的选择完全随机，只是碰到了、想到了就去学了。事实上，还有很多特别令人敬佩的烹饪大师，只是时间仓促，还没来得及一一拜访。如果你们喜欢，我会继续学习、继续分享。

烹饪，是离心最近的艺术，烹饪美食，就是烹饪生活。如果你爱上烹饪，你的生活、你的性格、你的心境都会有很大的变化，要不要试一试呢？开始读这本书吧，你一定会喜欢上烹饪和美食。

吴　冰

二〇一六年北京初雪于家中

听国宝级大厨讲灶上的故事

王义均

国宝级烹饪大师，鲁菜泰斗，中国烹饪大师，丰泽园饭店技术总监。

王义均，这个名字在厨师圈里无人不知，无人不晓，是目前仅有的几位国宝级大厨之一。老爷子今年80多岁了，在厨行里已经浸淫了将近70年。经验、阅历、知识都在老人的脑子里。我们作为热爱美食的小辈，只要能有机会搬个小凳子，坐在大师身边，听他讲讲那些厨行的掌故、灶上的故事以及烧菜的窍门，已经是一种难得的福分。

因为在电视台主持美食节目，我有着得天独厚的优势，可以跟众多烹饪大师学菜。要知道，当初我跟王老学菜，可是引得圈里一众厨师朋友都跟我开玩笑的。其中一个小字辈的厨师就曾无奈地对我说："咱俩这辈分儿是没法论了！本来你来找我学菜，咱们是朋友，结果没几天一看朋友圈，你找我师父学菜了，变我师姐了。再过几天一看，你又找我师爷学菜了，变我师姑了，这以后可怎么叫啊！"这当然是玩笑话，但王老绝对是圈里的翘楚，国宝级的厨艺大师。他的徒弟们现在不少都已经是圈里赫赫有名的大人物了，当然，估计徒孙更是多得老爷子自己都数不清楚。这样一位厨行国宝，我又怎能错过，于是一个夏日伏天的午后，我就来到王老家，搬了小凳子，坐在他身边，静静地听他讲那些灶上的故事。

王老爷子身体非常硬朗，上身穿白色上衣，下身穿着舒适的丝绸滚裤，特别有老北京的范儿，手指短粗而有力，一看就是手上有功夫的人。看到我来了，马上让女儿从冰箱里拿出自制的冰镇饮料请我品尝，还调皮地让我猜这饮料中用了哪些食材。饮料呈现出一种美艳的紫红色，带着淡淡的甜味和一种独特的植物芳香，到底是什么植物呢？王老的女儿揭开了谜底。原来是她亲手种的紫苏。王老的女儿每次回家看老爷子时，都会带来一些食材，而老爷子也会变着法儿把这些食材制作成各种各样的吃食，让女儿猜。这种有趣的游戏，老爷子玩得乐此不疲。"这紫苏叶子煮的饮料，我加了少许蜂蜜，口感更好，还解暑。多喝点儿！"听完女儿的介绍，老爷子又补上了一句。然后，我们爷俩就聊起了那些厨行的掌故——从掌灶的，到海参公主，再到丰泽园的名人轶事。老爷子的思路清晰，丰泽园的历任领导、大厨以及光顾过的名人的名字都记得清清楚楚，让人不由得不佩服。其实，老爷子自己的经历就非常传奇，说起来就像一部跌宕起伏的大戏……

14岁的小力笨儿

1946年，14岁的王义均来到北京已经两年了。他由当时鲁菜名店丰泽园的二灶师傅吴行官举荐并作保，进入丰泽园，成了一名学徒，北京话叫"小力笨儿"。那个年代的学徒是非常辛苦的，但对于王义均来说，他却非常开心，因为母亲送他出来时让他做的事情，第一步已经做到了——他暂时找到了"饭碗"。

头三年，王义均在丰泽园当小力笨儿，他干的活儿，厨行的行话叫"蹭勺"。这个活儿当年在讲究的饭庄里都有，主要目的是为了保证菜品、汤品的味道纯正，不串味儿。大师傅们炒完一个菜或者做完一个汤，用过的炒勺尤其是汤勺都只能用一次，用完就要用细砂子和细炉灰磨蹭，然后用水清洗，上火烘干后才能再用，越是有名气的饭庄对于蹭勺这道工艺就越讲究。当时的丰泽园就是如此，大师傅们炒完菜立马把汤勺丢给小力笨儿，而蹭勺的活儿也就这么开始了！活儿听起来简单，实则技术含量不低。不掌握技术要领，手很快就会被沉重的铁勺以及砂子、炉灰磨破，而受伤的手如果继续蹭勺，还可能流血流脓，直至最后结痂，变成老茧。当时的丰泽园有3个火眼，47把汤勺，一天下来需要蹭的勺不下百个。干蹭勺的小力笨儿没几个不抱怨的。王义均偏偏不，他觉得这活儿有门道："能练手劲儿啊！3年下来，我胳膊和手腕都格外有劲儿，炒起菜来就更加得心应手；更何况，蹭勺还有很大的好处，只是他们都不知道。"原来，有心的王义均偷偷准备了一把小铜勺，趁着蹭勺的机会，每次都刮出残汁尝尝。起初大家都笑话他嘴馋，但天长日久，王义均却从这些剩汤汁里弄明白了各种菜肴的味道，并一一记下，等他自己能上灶炒菜时，这些味道他都记忆犹新。

尽管干活儿不惜力，王义均仍然在丰泽园当了8年的小力笨儿，直到1954年，才第一次有机会上灶炒菜。王义均如此评价自己的第一次："头一回上灶，怎么觉得那些我熟悉得不能再熟悉的炒勺，都变得不听使唤了。我丢三落四、手忙脚乱地炒了一道菜，完事后感觉自己满头大汗，还一手、一脸、一身的油！"正所谓，万事开头难，有了这个让王老难忘的第一次，后面的事情就顺利很多，再加上他一贯勤奋好学，很快就成为丰泽园里不错的年轻厨师。他的授业恩师之一牟常勋就曾评价他说："这小子是个有心人，当年蹭勺时偷着尝剩汤汁，他那是在咂摸滋味儿，偷着学艺呢！"

50岁的海参王

1983年，50岁的王义均在全国烹饪大赛上以葱烧海参摘得金奖，"海参王"的名头在美食圈里正式叫响。回忆起当年准备比赛时的情景，王义均还是颇有感慨："当时店里对我要去参赛这事特别支持，只要是有人点海参，就让我来做，好让我有更多的机会练习。那段时间，我可以说是天天烧海参啊，烧好了就让王世珍师父尝尝、点评点评，再上桌。到了比赛现场，有7个人做的都是海参的菜肴，我分数最高。比赛结束，我没回丰泽园，直接带着奖杯就去了王世珍师父家。师父一见就乐了，非常高兴！"而丰泽园最出名的葱烧海参，也因着"海参王"的诞生而名气越来越大，至今仍然是最经典的招牌菜品。

在关于丰泽园的史料中有这样的记载：建国初期，因为人民大会堂和钓鱼台国宾馆都尚在规划和修缮中，而丰泽园当时味道绝佳的鲁菜以及周到的服务都名声在外，一度成为党和国家领导人、北京市委常委和中外名流们聚餐的首选。这其中，最让王义均难忘的莫过于1955年9月27日由丰泽园主理的"百桌将军宴"。当日，十位元帅、十位大将在中南海怀仁堂被授予军衔，牟常勋、王世珍带着丰泽园的师傅们去了西郊华北军区大礼堂烹饪"百桌将军宴"，王义均也是其中的一员。

多年来，吃过王义均做的菜的政要名流真是不胜枚举，这其中，最让王义均记忆深刻的就是周恩来总理。"总理是丰泽园的常客，而他最让我感动的是，一国总理竟然可以记住我们每个厨师的名字。每次宴请外宾，甚至会把厨师请到席上，向我们敬酒。"如今已经80多岁的王义均，仍然能一字不漏地记得周总理是如何向外宾介绍厨师的，"介绍王世珍老先生，'这位王师傅，是中国的鲁菜王'；介绍我，'这位小王师傅，乃是王大师的高足'……"

80岁的技术总监

虽然已经80多岁了，王义均依然担任着丰泽园菜品技术总监的职务，也依然在为鲁菜的传承和发扬做着力所能及的事情。半个世纪前，美食家们称他是牟常勋、王世珍的高足，现在的老饕则称其为"大董的师父"。的确，王义均的徒弟们，如屈浩、尹振江、史连勇、王富强等如今已经纷纷成为圈里赫赫有名的大家。我跟王老学菜期间，因王老年事已高，在他教授我菜的做法时，手把手教我具体操作的，就是他的徒弟史连勇。提到徒弟们，王义均感叹道："我当年什么都不懂，就知道卖力气学本事，跟现在的孩子们没法比啊。徒弟们学历都高，有的还是研究生！所以，他们能创出更多东西来，那些个什么分子料理啊，我就玩不转啦！"

史连勇

而提到鲁菜的传承和发展，老爷子也有着自己独到的见解。以丰泽园的一道拿手菜"四喜丸子"为例，王义均就根据目前人们的口味进行了改良。过去的四喜丸子以一只大海碗上桌，上桌后两人一只，用筷子一捅，立马乱七八糟；现在，丸子做小一点儿，一人一只，盛在小紫砂锅中。过去的丸子是纯肉的，这对现在人而言太腻了；如今的则加了胡萝卜、荸荠、海白菜等，这样一来，营养全，口感也好。"菜还是这个菜，料基本还是这个料，但手法一变，结果就大不一样了。随着时代的发展，人们的口味也是不断变化的，而由于所处时代和物质条件的差异，新一代年轻人的口味需求与老一代人相比有了明显的差距。鲁菜作为有着悠久历史的传统菜系，如果不做出相应的改变，很可能会跟不上年轻人口味的变化。做餐饮，首要一点就是应该适应顾客的需求。鲁菜也应该在传统菜式的基础上加以创新，甚至可以适当地进行中西结合，让年轻客人的选择余地更大。如果故步自封，年纪大的顾客越来越少，那么市场就会越来越窄，辉煌的老字号也有可能因此没落。这就需要我们厨师多动脑筋，去适应大多数消费者的需求。"

观念不守旧，喜欢新鲜事物，这在王义均身上表现得特别突出。有一次，他看到一种装饰的花材，回来就给自己的徒弟大董打电话，一问才知道，这花名为"石斛花"。王义均说，以此花来装饰摆盘，不仅美观，还有食用价值。"现在的传承离不开老一代，也需要我们老一代跟年轻人一起与时俱进。"

葱烧海参

主料
水发海参

配料
大葱，大蒜，姜，香菜，油菜心

调料
葱油，酱油，料酒，姜汁，白糖，盐，味精，高汤，淀粉

制 作 步 骤

① 先将粗细均匀的大葱白切成7厘米长的段，炸成金黄色，加高汤、酱油、料酒、糖、味精，上屉蒸软或在火上炖软。

② 再把葱切碎，姜拍松、切碎，大蒜拍碎，香菜和根切碎。炒勺加油烧热，先下姜炸成金黄色，再下葱、蒜、香菜炸成黄色，捞出，放葱油。

③ 发好的海参洗净，斜刀改成条状。

④ 油菜心择好洗净，备用。

⑤ 汤勺上火，用清水煮透海参，倒出。勺内换高汤、加好口味，下入海参入味，倒入漏勺控净汤。勺回火，加入葱油烧热，下入白糖炒成枣红色。下入海参，颠翻上色均匀，烹入料酒，调入酱油、高汤成枣红色，下入葱段，用小火煨收成浓汁，色均味定淋入淀粉，晃勺，淋上葱油，装入盘中。

⑥ 炒勺上火，放油烧热，下入油菜心，快速煸炒，烹入高汤入味，倒入漏勺，围在葱烧海参周围即可。

海参柔糯鲜香，葱香浓郁芬芳。

大师眼中的我

干什么吆喝什么

作为美食节目主持人，能出书宣传美食文化，这是件好事啊！美食文化需要人来好好传播！这也得算干什么吆喝什么吧！这姑娘，大热天的还能跑我家来听我讲那些老典故，难得！

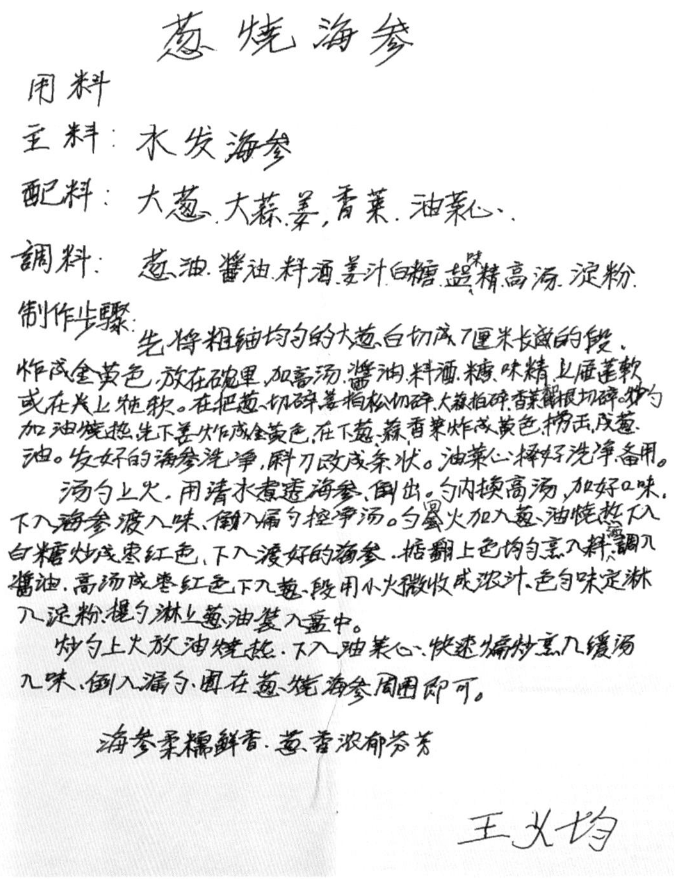

葱烧海参

用料

主料：水发海参

配料：大葱、大蒜、姜、香菜、油菜心。

调料：葱油、酱油、料酒、姜汁、白糖、盐、精、高汤、淀粉。

制作步骤：先将粗细均匀的大葱白切成7厘米长的段，炸成金黄色，放在碗里，加高汤、酱油、料酒、糖、味精上屉蒸软，或在火上炖软。再把葱切碎，姜掐松切碎，大蒜拍碎，香菜切碎，炒勺加油烧热，先下姜，炸成金黄色，再下葱、蒜、香菜炸成黄色，捞去成葱油。发好的海参洗净，斜刀改成条状。油菜心择好洗净备用。

汤勺上火，用清水煮透海参，倒出，勺内换高汤，加好口味，下入海参浸入味，倒出漏勺控净汤。勺置火加入葱油烧热入白糖炒成枣红色，下入浸好的海参，搭翻上色均匀烹入料酒，调入酱油、高汤成枣红色下入葱段用小火微收成浓汁，色白味定淋入淀粉，提勺淋上葱油盛入盘中。

炒勺上火放油烧热，下入油菜心，快速煸炒烹入缓汤入味，倒入漏勺，围在葱烧海参周围即可。

海参柔糯鲜香，葱香浓郁芬芳

王火均

王老得知本书出版，十分支持，图为王老专为本书写下的菜谱手稿

厨艺存于自身，施予天下

亚洲名厨，全国十佳烹饪大师，中华人民共和国商务部十大名厨，便宜坊集团副总经理，中国名厨俱乐部副主席，获全国五一劳动奖章。

孙立新

亚洲名厨、中华人民共和国商务部十大名厨、便宜坊集团副总经理……孙立新在厨行里的名号实在太多太多，而他本人，却低调得甚至有些腼腆。他说，厨师就应该好好做菜，因为厨艺存于自身，施予天下。

录制现场的"孙帅帅"

我与孙立新相识是因为录制《上菜》节目。这是北京台的一档重磅美食节目，因此，录制时间颇长，我也就有了不少机会跟孙立新接触。用孙立新的话来说，这小半年的时间，我俩是在彼此观察对方，一段时间下来，发现彼此待人接物的方式非常类似，于是慢慢熟识，乃至变成了无话不谈的忘年交。

在我眼中，孙立新是一个导师型的人物，他在节目录制时，话不多，但往往能起到提纲挈领的作用，我们节目组的人都很钦佩他。而他人又非常亲和，总是笑眯眯的，从来也不发脾气。跟他在一起，完全感受不到任何大牌的傲气。有的只是长辈的温和与关切。

节目录制的过程总是无聊而疲累的，于是，个子高，颜值高，笑容温暖的孙立新成了节目组的"孙帅帅"。他因为有双大长腿，被节目组里的女孩子称为"长腿欧巴"。孙立新每每听到这样的称呼，总是一笑置之。后来我偷偷问他，知不知道"长腿欧巴"的含义。他特别无奈地回答，完全不知道，所以，只能笑。孙立新绝对是当下一句最热门流行语的代言人：明明可以靠脸吃饭，却偏偏要靠实力！

孙立新15岁学厨，迄今为止已经整整43年。在这43年的厨师生涯中，他学过很多菜系：川菜、粤菜、鲁菜……因此，他成为厨师圈中少有的将多个菜系的菜品熟谙于心的名厨；他也走过很多饭店，华都饭店、天伦王朝、渔阳饭店、便宜坊……每到一处，他都留下了让人无法忘记的东西。

1997年，孙立新在天伦王朝工作，接到了一个接待任务。孙立新为了让每一位吃到他的菜品的食客都能有惊喜，就在接待用的传统菜品"狮子头"上做了一些改良。接待任务结束后，当时的北京市委书记李志坚先生奖励了他们一千元现金，并说："北京各大饭店都称自己的狮子头是极品，唯有天伦王朝的是极品狮子头。"孙立新一听，夸的是"狮子头"，觉得很欣慰，老祖宗的玩意儿没因为他的改良而坏了名声，还让食客吃出了不一样的感觉。

像这种接待工作，经常会有，而每一次孙立新都觉得是第一次。他到了便宜坊之后，又遇到了一次特殊的经历：美国财政部长盖特纳访华，时任北京市市长的王岐山先生在便宜坊招待贵宾。当时谈判的气氛十分紧张。当便宜坊精心安排的菜品摆上桌，所有人的注意力都转移到这些中国特色的菜品上，纷纷开始讨论起来，现场气氛一下就缓和了下来。气氛一旦转变，谈判自然也有了好的开始。接待结束后，外交部礼宾司司长专门致电便宜坊的领导，说："这样的情况在中国，只有便宜坊能够做到！"食客是能通过食物感受到做菜人的心思和情绪的。因此，孙立新说，做菜和做人一样，不能忘本，不能浮躁，要不忘初心。因为厨师是用菜品，传递唇齿之间的美味，同时传递人和人之间的感动的。

精研厨艺的"孙合适"

作为顶级大厨，孙立新最常被人问到的问题就是：到底该如何烹制出美味的菜肴？尤其是徒弟们，总是会问他做菜到底有什么秘籍。每每听到这样的问题，孙立新总觉得徒弟们真是很可爱，又不是武侠小说，哪来那么多秘籍？他当年跟师父学艺的时候，早已明白这个道理：所谓的美味，不过是为合适的食材，搭配合适的烹调技法，并以合适的火候烹制，在合适的温度时端到食客面前。

孙立新从来不藏私，不管是徒弟还是其他人跟他学做菜，他都倾囊相授。然而，还是有小徒弟说，炒出来的菜跟师父炒的味道不一样。孙立新说，这其实就是"合适不合适"的问题。每每提及"合适"的概念，孙立新总忍不住要提到他学厨时入门的恩师庹代良老爷子。庹老爷子曾为新中国成立十周年操办过万人国宴，一直在灶台前工作到86岁，才退休颐养天年。这样一位传奇"御厨"，教给孙立新的也并非什么高超的烹饪秘术，而是简简单单的做人做菜的道理。"当年师父教我做川菜，我发现师父没有什么秘籍，就是所有的食材都用最合适的，所有的食材处理都在最合适的状态。师父能取得这样的成就，我觉得不仅仅是因为他的手艺，更是因为人品。他老人家每次站在灶台前，都像第一次做菜一样认真，让所有的环节都在最合适的状态。"

孙立新有个徒弟开了家烤鱼店，为了让生意红火，就做了个宫保鸡丁烤鱼。孙立新跟徒弟说，你见过一百年前的宫保鸡丁吗？我带你看看去。这小徒弟不信，现在哪儿有一百年前的宫保鸡丁？孙立新就把小徒弟带到了师父庹老爷子家里。当时已经92岁高龄的庹老爷子亲自上灶，掂勺炒了一盘宫保鸡丁。小徒弟一下子就感动了，说这盘宫保鸡丁的味道和现在市面上卖的都不一样。说起来，庹老爷子做的宫保鸡丁也没什么神秘的地方，就是按照一百年来四川的做法，规规矩矩。鸡丁、葱段、辣椒这些食材的选择，炒制的火候，都在最合适的状态。不玩花样，不博眼球。而恰恰，就是这样的老实人把一百年前的手艺传承了下来。

"合适"是孙立新厨艺的基础，但他从来没有停在原地。他深刻地认识到，任何事物都是在不断发展变化的，烹饪也是如此。只要有了坚实的基础，就能在这基础上开放出最美丽的"创新"之花。在孙立新眼中，成功的创新要在传承的基础上，用合适的食材、合适的调料、合适的手法去做。提及自己改良创新的菜品，孙立新的语气中透露出非凡的自信："蓝莓山药就是我第一个做的。"当然，这只是小菜，孙立新最成功也最得意的创新，是他创新研发的"蔬香酥烤鸭"，这可是实实在在拥有专利权的菜品啊。

到便宜坊工作一段时间之后，孙立新发现，其实传统的烤鸭存在着一些"小毛病"。这些"小毛病"在以前都不是问题，但对于现代社会就显得不那么"合适"。比如"过于油腻，令营养过剩的现代人望而却步；放凉后易产生腥气；葱的加入不适合商务人群"等。于是，孙立新决定改良老祖宗传承了六百多年的烤鸭。孙立新的创新从鸭胚开始：

首先，鸭胚到店后不再使用呈酸性的自来水浸泡，而是用弱碱性的纯净水代替，并在水中加入了鲜榨蔬菜汁。这种鲜榨蔬菜汁是孙立新用洋葱、胡萝卜、九层塔、迷迭香等配制的，这样的组合方式，孙立新自己都不记得试过多少种蔬菜，才最终确认。鸭子在这种充满着蔬菜香气的汁水中浸泡3小时后，放入风冷室中风干。其次，就是便宜坊传统的焖炉烤制之法。最后，是"蔬香酥烤鸭"的另一大创新——鸭饼和小料，分别用胡萝卜汁和药芹汁制作的鸭饼，再配上萝卜苗、香椿苗、薄荷叶等作为配菜，不仅色泽鲜亮，口感也颇为独特。这道"蔬香酥烤鸭"单化验报告就做了30多页。各种数据均显示，以此方法制作的烤鸭，鸭子的脂肪含量明显降低，绝对称得上是最健康的烤鸭。也正因为如此，"蔬香酥烤鸭"才成了独一份儿拥有国家专利的烤鸭！

"在创新的过程中，我都是抱着对前辈的敬畏之心做各种尝试的，就怕行差踏错一步，让老祖宗的手艺断了相续的根。创新不忘本，传承不守旧。我们不能为了创新而创新，不论什么技法，都是为了让我们能做出更好吃的美食。要让别人看到我们的作品感到幸福，才能把创新的东西留下来，出于这样目的的创新才有生命力。"孙立新提到自己的创新时，说了这样一段话。的确，这道"蔬香酥烤鸭"既保留了传统的味道，又符合当下食客的需求，一经面世就成为便宜坊的又一道招牌。

聊菜品，说厨艺，孙立新总是滔滔不绝，人也显得非常有气场。在日常生活里，他从来都是笑容可掬的，印象中，我还没见过他发脾气的样子。在《上菜》的节目组里，有很多人私下里喊他"孙温柔"。

有一次我们外拍，天特别冷，我又有点发烧，但是录制有一定要求，不能穿太厚的衣服。孙立新看着我录完一段就端来一杯热腾腾的姜水给我驱寒。当时，我真是感受到了那种来自长辈的温柔关怀。当我提出想跟他学菜时，他答应得特别爽快，约好了第二天提前来教我做菜。第二天，我起了个大早，来到拍摄现场一看，孙立新早就到了不说，还已经让徒弟们帮我准备了一套崭新的厨师工作服。我当时特别感动，想着不能耽误时间，赶忙动手穿工作服。没想到越忙越乱，角巾没系好，孙立新看到了就亲手帮我系。学菜的间隙，我问孙立新："您怎么来那么早啊？咱们不是约好提前半小时吗？"孙立新狡黠地一笑："我提前来还有别的任务。"后来我才知道，那天我们拍摄的主题是豆腐。他提前到达拍摄现场，是因为担心徒弟第一次上电视紧张，把菜做砸了。于是他自己先炖上了一份豆腐作为备用，万一徒弟失误，也不至于影响录制。教我做菜时也是如此，他从兜里掏出许多个密封的塑料袋，里面都是处理好的原料，将这些原料一一倒入盘中，马上就能上锅炒菜了。孙立新就是这么一个对人、对菜都细腻认真的人。

小半年的节目录制，再加上跟孙立新学菜，我觉得和他已经非常熟悉了。但他却很少直接给我打电话，就算是约着一起吃饭，也总是让徒弟打电话给我。对于这事儿，我一直很纳闷，他不是这种摆谱的人啊！后来，有一次，我接到他徒弟的电话，说孙立新约我吃饭，看我之前脸色不太好，这次一起吃饭的还有位相当不错的老中医，能帮我调理下身体。听到这儿，我心里别提多感动了，细心的他连我工作太忙脸色不好都发现了。那次吃饭，我实在忍不住，问他是不是因为腼腆才每次都让徒弟打电话给我。没想到他的答案竟然是肯定的。他说，当年他刚当厨师长的时候，一见到女性就会脸红。现在虽然不会这样了，但他还是非常谨慎。不管是我，还是他的女徒弟们，一起吃饭，他一定是将我们相熟的人约在一起。

为了感谢孙立新教我学菜，也为了感谢他约中医帮我调理身体，刚好天气转凉，我就买了件衣服送给他。本来觉得是件很平常的事儿，他却非常感动。后来还跟我的好朋友说："小吴冰啊，没有架子，很会替别人着想。别人帮她一点儿小忙，她都记得，还一定要感谢别人，是那种做人做事让人感觉很温暖的姑娘。"后来，我想，之所以跟孙立新如此投缘，可能就是因为我们做人做事的原则非常相似——希望别人感觉很温暖。有一次，我跟孙立新聊天，我说："美食是离心最近的艺术。"他特别认同，他做人做事的风格也正诠释了这句话。

青花椒香辣虾

主料

凤尾虾8只

配料

干辣椒丝7克，鲜花椒50克

调料

盐，美极鲜酱油，东古一品鲜，玉米淀粉，胡椒粉，柠檬汁，料酒，绿芥末膏等

制 作 步 骤

① 将虾肉开背，去虾线，用盐、料酒腌制好后拍玉米淀粉备用。

② 锅里下油烧至五成热，下入拍好淀粉的虾肉炸至金黄色，等油温升高后复炸至外焦里嫩，倒出备用。

③ 另起锅放入葱油，下入干辣椒丝炒出香辣味道，加入鲜花椒，放入虾肉，用上述调料勾兑好碗芡，顺锅边烹入，翻锅均匀后装盘即可。

大 师 私 语

　　外焦里嫩，麻辣清香。佐酒下饭均可。烹饪手法简单，菜品却非常有品相，因使用了四川的青花椒，微麻中又透着清香，不仅开胃，还很下饭。

大 师 眼 中 的 我

平易近人的懂事姑娘

　　别看吴冰是主持人，但在节目组从来没有架子。中午吃盒饭的时候，她经常会主动给岁数大的人让座，帮大家端盒饭、倒热水。给我印象最深的是她率真的性格，只要是有观众要跟她合影，她都认真对待，合影之后，还会主动谢谢对方，她是珍惜这些热爱美食的观众的。

郑萌萌的正能量之味

中国烹饪大师，北京饭店行政总厨，兼任全球华人餐饮名人委员会委员、世界华人健康饮食协会主席团副主席等职，曾获亚洲华人名厨首脑峰会"最高贡献奖"、2010年全国劳动模范等荣誉称号。

郑秀生

2015年年初刚刚从北京饭店行政主厨位置上退休的郑秀生，在厨师界是有着大佬的江湖地位的。因为北京饭店的特殊性，郑秀生已经记不清在自己的从业生涯中，经历过多少次大型活动、会议，也没法统计曾接待过多少位国家元首、明星名人……因此，在这位顶级大厨的眼中，厨师绝不仅仅是一个做饭的，厨师承担的是一种责任——国家的、社会的、公司的，乃至家庭的、个人的责任。跟郑秀生接触，感受最最深刻的就是他身上满满的正能量，而郑秀生表达正能量的方式，恰好符合当今的一句流行语：萌萌哒。

从正能量"跨界"郑萌萌

认识郑秀生是在《上菜》的录制现场。当时《上菜》节目的录制安排非常紧张，每周我都有三四天的时间跟郑秀生"混"在一起，最初的时候，郑秀生给我的感觉是有点小严肃的，传达的信息都很正能量，我就偷偷给他起了个外号叫"正能量"。其实，我当时已经开始着手筹备这本书了，见到如他这般的厨师大腕儿，我心里自然打起了小九九：我怎么才能打动他，请他教我做菜呢？

随着节目的拍摄，跟郑秀生也越来越熟，我以及节目组的同仁发现，郑秀生骨子里充满了幽默的细胞——也许是因为"正能量"的外号让郑秀生自己也觉得太过严肃，在紧张录制的间隙，郑秀生开始跟我们开起了玩笑，还时不时搞出一两个很萌的小动作，这些萌态往往能将一组人逗得哈哈大笑，拍摄的紧张和疲累也就在笑声中被驱散了。原来大师如此平易近人，于是节目组的全体年轻人，包括我，在他面前慢慢放肆起来。郑秀生很胖，估计体重应该超过200斤了。因此，他喜欢睡觉，有时候录制间隙的几分钟时间里，他都会呼呼睡一会儿，而我们好多人就偷偷跑过去抱着他的大肚子拍照，恶搞——由此，"郑萌萌"成了郑秀生的新名字，因为他那种"特别萌"的状态，实在是令我们每个人都觉得非常和蔼可亲。

通过多日来对郑秀生的观察，我发现，郑秀生特别喜欢勤学好问的人。作为顶级大厨，他喜欢真心热爱美食的人，所以我觉得我的诚意应该是能打动他的，果然，当我提出跟他学菜的请求时，他欣然同意了。后来，郑秀生跟我说，拍摄那么累，他仍然乐意教我做菜，是因为他觉得我对生活的追求，包括对美食的追求，其实也是中国饮食文化推广的一种方式。而且，我这种乐意去学习，乐意去钻研美食的年轻女孩为数不多。被大师夸奖，我心里还真是开心呢！我爱中国的美食，虽然在传播中国饮食文化方面，我能做的事微不足道，但我仍然希望尽到自己的一份力。

当时《上菜》节目的拍摄非常紧张，让郑秀生再抽出其他时间找地方教我做菜难度太大了，于是我就跟他商量，要不找一天录节目时，我们俩都早点来，先学菜再开始工作，于是就这么定下了跟大师的约会。

其实，他是"郑"细心

跟郑秀生约好学菜的当天，我们拍摄的主题是豆腐，刚好又是螃蟹肥美的季节，郑秀生就说教我做一道蟹黄豆腐。当天，我俩如约提前半小时到达拍摄现场，郑秀生变魔术般从兜里掏出两个精致的小玻璃瓶，里面是满满两小瓶剥好的蟹黄。

原来，前晚我俩约好学菜之后，录完节目郑秀生回家后就去家边上的海鲜市场买了四只大闸蟹，蒸熟了，剥了整整两个小时。郑秀生说："别看我干这行这么多年了，剥螃蟹这活儿也算不上太专业。当年学的时候，师父一边剥一边讲，剥开蟹让我看螃蟹的骨骼、结构，借助剪刀、牙签、擀面杖等各种工具才能把全部的黄和肉给剔干净。一斤螃蟹剥好了四两肉，剥不好三两肉、二两肉都有可能。学徒那会儿，看着，呦，这蟹黄挺好，肉挺肥，就搁嘴里了。但师父不答应啊，师父根据每个徒弟的水准规定了剥完要交上去的蟹肉的重量，这手活儿都是当年这么练出来的。"我听着郑秀生的讲述觉得很有趣，再看看两个小瓶中盛满的蟹黄，想着郑秀生昨晚在自家厨房帮我剥蟹的情景，心下别提多温馨和感动了。其实，以郑秀生目前的地位，他可以随便将这个工作安排给一个徒弟，甚至也可以昨天临走前安排我来完成，他却选择了自己完成，他的这种细腻的情感，让我忽然感觉他像个慈祥的父亲。

真开始跟郑秀生学菜了，他的细心更是让我敬佩不已，他不但已经将所有的食材、辅料都准备好了，就连怎么换锅，怎么淋芡，这些细节他也手把手，滴水不漏地教给我。其实，他很严格，又透着和蔼，我就在他这样的关照下，一步步跟着他操作，顺利完成了这道蟹黄豆腐。这一刻，我内心里的感觉越来越清晰——为什么他能成为一位烹饪大师。

郑秀生的细腻不仅仅体现在他对烹饪的严谨上，在生活中，他也是细腻而温和的。《上菜》节目收官之际，刚好赶上郑秀生的60岁生日，同时也是他退休的日子，于是，结束篇时我们节目组就安排给郑秀生举办一个退休的仪式，他老伴儿以及徒弟们从四面八方赶来拍摄现场，别提多热闹了。那天，我看到了他的徒弟们对他由衷的敬爱，看到了厨师界的传承，也深深领会到了一句话：做菜也是做人。

那一天虽然是节目拍摄的最后一天，但一点儿都不轻松，我从早录到晚，一直不停地走，快结束时真累得不行了，就在旁边找了个凳子坐下休息。郑秀生的每个徒弟几乎都会走过来跟我合影。当时我想，不管我自己累成什么样，但跟人家合影的机会可能只有这么一次。所以，每个人来合影，我都会积极配合，一直拍到最后一个人。郑秀生当时特别感动，后来还经常跟别人念叨："哎呀，小吴冰是最亲和的主持人，她都累成那样了，可只要是有人跟她说想拍照，她都乐呵呵地站起来，配合人家拍，拍完之后自己扶着腰再坐下。"这个小动作是我下意识的反应，没想到郑秀生这么细心地注意到了。

正能量爆棚的抗"非"之战

北京饭店，对于很多人而言都有着特殊的意义。对于当年刚刚参加工作的郑秀生也是如此。他进入北京饭店之初，特别想做的其实是服务员，因为做服务员就意味着经常有机会见到毛主席、周总理及各位老师。结果，他却被分配到了厨房。短暂的失落之后，郑秀生迅速调整心态开始了自己的厨师生涯。在北京饭店这个特殊的平台上，郑秀生不知道操持了多少大型宴会，900人，2000人，甚至是奥运会四个场馆的餐食供应对他而言都不在话下；他也不记得曾服务过多少位国家元首、明星名人……因为这些经历，郑秀生几乎包揽了所有能得的奖章和奖励。我问他，在这一段厨师生涯中，记忆最深刻的事情，他说，是带领着66个人的团队完成的一次特殊使命——

2003年，"非典"肆虐，人人谈"非"色变。郑秀生接到了上级领导的指示，带领着66人的团队赶赴昌平区小汤山为680多名"非典"病人以及200多名武警、指挥部领导及后勤保障人员做饭。这66人之中，除去大夫、机修工、库房管理人员等相关人员，其实真正的厨师只有50人。50个人却要保证近千人的餐食，当时，郑秀生感觉，肩上的担子很重很重。

到达小汤山之后，他们的住处与收容"非典"病人的小汤山医院近在咫尺，只隔了一条小河，说不紧张，那绝对不是实话。郑秀生说，他当时就感觉，这不是来做饭的，是来打仗的。因为他们50名厨师，每顿饭要制作一千多个饭盒，而且要在短短的40多分钟之内把饭送出去。回忆起当年的情景，郑秀生充满了感慨："我每天4点半起床，检查每个人的体温；5点钟进入现场；5点20分，要做好前期的准备工作；5点半，就开始装饭盒了；6点10分或者一刻，饭盒就要送出。最难的还不是这些，我还要保证跟着我来到抗'非'第一线的这些人都要全须全尾的，不能有一个感染上'非典'，不然我们恐怕就得'全军覆没'。"

当然，作为厨师，郑秀生首先要保证让自己的"客人们"能尝到好吃的饭食。于是那段时间，只要是对缓解"非典"症状可能有益的食材，诸如绿豆、银耳、木耳、猪肝……都成了他们烹饪的首选，还要每天尽可能变换花样，这些事让他耗尽心思。

除了考虑这些，郑秀生还要顾虑自己带的队伍中成员的健康。为此，他制定了很多规矩，比如不能喝冰镇饮料，晚上睡觉不能整宿开空调，等等。每天清晨，他要做的第一件事就是给每个人量体温。

在小汤山生活的近一个月时间里，郑秀生每天只能睡三四个小时，一直紧紧地绷着一根弦。任务结束，当他回到饭店，他重新厘清了厨师的界定：厨师是肩负着责任的，国家的、社会的责任，很多时候都会在厨师的身上体现，而厨师想实现自己的价值，也必然要承担起单位的、家庭的责任。在郑秀生之后的从业生涯里，他一直努力做一个有责任的厨师，他做到了。

郑秀生还有超强的总结能力。参加《上菜》节目的录制，他一直非常配合，因为他觉得这个节目在传承饮食文化层面上，给厨师创造了发展的空间，对厨师本人、对餐饮企业都有提升。他总结说《上菜》节目有"三福"：眼福、口福、幸福，还有"三美"：美食、美景、美女。恐怕只有心思细腻，心里充满正能量，又能萌萌表达出的郑秀生才能总结出这么精辟的结论吧。

美味养生的蟹黄豆腐

主料
螃蟹1只，嫩豆腐1盒

配料
姜少许

调料
盐、糖、胡椒粉各少许，淀粉适量

制作步骤

① 螃蟹蒸熟后晾凉，将蟹黄、蟹肉拆下。锅内放少许油，加热后放入拆好的蟹黄、蟹肉煸炒，待肉松，整体变为黄色后盛出备用。

② 把豆腐切成丁，放入烧开的水中焯一下去除豆腥味，盛出沥干表面的水分。

③ 锅内放少许油，放入炒好的蟹黄再略煸炒下，放入少许姜末煸炒，将豆腐丁放入，加少许盐、糖和胡椒粉，改小火咕嘟五六分钟。

④ 待豆腐完全入味后，用少量的芡汁勾芡。勾芡的时候不要一次勾完，分一至两次，甚至是三次勾入，这样勾出来的芡汁比较柔和、均匀。

这个菜吃起来特别浓香、软糯、滑嫩，还有蟹肉的香味。螃蟹成熟的季节，如果家里的蟹吃不完，可以将拆出的蟹黄、蟹肉炒香，炒出油，有了油封，能延长其保质期。炒好后装入密封容器放入冰箱的冷藏室可以保鲜一周时间。除了蟹黄豆腐亦可拿来烹制蟹黄白菜、蟹黄虾仁、蟹黄海参、蟹黄鱼肚等菜肴。

大 师 眼 中 的 我

不是一个简单的吃货

现在的女孩子，爱吃的，自封"吃货"的不少，但吴冰可不是一个简单的吃货。跟她一起录节目的时候就发现，她爱吃，而且"懂"吃。她是真的了解一些菜品的历史、故事，甚至是烹饪技法，而且品尝时还能找出一些小毛病。最难得的是，她还乐意自己动手做！她是真的在享受美食、享受生活、享受未来。

厨师界的"好好先生"

国际烹饪艺术大师，中国唯一亚洲大厨，中国烹饪大师，中华非物质文化遗产传承人，全国五一劳动奖章获得者，世界大赛评委，国家一级评委，中国餐饮十大领军人物，中华厨皇会副会长，法国厨皇会荣誉主席及五星优越奖。现任北京屈浩烹饪学校校长。

屈 浩

在厨师这个圈子里，提到屈浩，绝对可以用如雷贯耳来形容。给他带来如此盛名的，不仅仅是国际烹饪艺术大师、中华非物质文化遗产传承人等一系列显赫的名头，也不仅仅是世界顶级厨艺大赛的八项金奖，更是他二十多年的教育经历。圈里不知道有多少位厨师曾上过他的课，要叫他一声"屈老师"。说他是"好好先生"，是因为他既是有着卓绝厨艺的好厨师，也是厨师培训圈中的好老师。

好厨师，技艺的高手

跟屈浩的相识，是一个偶然。身为美食节目的主持人，我也自有一个"美食的圈子"，在这个圈子里，不断能遇到形形色色与美食相关的人。

初识屈浩，觉得他为人特随和，很有老北京的范儿，语速很快，但条理清晰，人还特幽默。而且，见识广博，跟他聊聊厨行的见闻，尤其是先进的烹饪理念和技术，他总能讲得头头是道，让听者都感觉受益匪浅。后来，合作的机会慢慢多了起来，对他也渐渐加深了了解，知道了他那些显赫的名头和非凡的经历，更了解了他的家世背景，于是越来越好奇，一个书香门第的世家子，怎么就变成了厨师？

用屈浩自己的话说，因为天生就热爱这个行业，所以，才成了厨师，成了培训厨师的老师。屈浩出生在一个书香世家，爷爷奶奶都出身大户人家，到了屈浩爸爸这一代，八个兄弟姐妹，绝大多数是建国前的大学生。屈浩的姥爷曾是开私塾的，而屈浩的妈妈则是先当老师，后任校长。有这样的家庭环境，家人自然对他期望颇高。然而，屈浩十八岁高中毕业时，却偏偏爱上了烹饪。

"在当时的我看来，世间没有比厨师更好的职业了。"可屈浩的老爸不答应儿子这么早就工作。一方面，家里的条件不错，不需要屈浩赚钱；另一方面，家里都是读书人，怎么能让儿子早早辍学，去学手艺。最后，屈浩还是听从父母的建议上了高中，毕竟多读些书总没坏处。等到高中毕业，屈浩的第一志愿仍然是当厨师。在接到录取通知书的那天，屈浩说只有四个字能概括他当时的心情：欣喜若狂。"太高兴了，就跟找到自己这辈子最心爱的女人一样开心。"为什么如此热爱厨师这份职业？屈浩说是缘分，"小时候父母是双职工，顾不上我，我从9岁就开始做饭了。后来发展到家属院里的大伯、大妈，谁家做菜，我就上谁家里去看，回来就自己琢磨着做。"

"一个人的工作能不能做好，首先要看是否热爱这份工作，这是前提。"屈浩这样评价自己的厨师生涯，"只有你爱上了，才能把所有时间、精力投入进去，才能以苦为乐。"屈浩回忆自己当年在新加坡工作时的经历，不无感慨，他说，当时常常感觉累得死去活来，但下了班，夜里在海边喝点儿酒，第二天就又能生龙活虎地投入工作，"这么大的工作强度，没有热爱，没有激情是完成不了的"。也正是在新加坡，屈浩拿下了六项世界顶级的金奖，后来又在俄罗斯收获了两项，"我这人有点邪门，每次都能拿到世界第一。我觉得如有神助。每次参赛，我觉得就自身功力而言，我不具有拿到全场总冠军的能力，但不知道为什么，每次都能拿到全场的第一名，世界的第一名。这份神助，我后来总结还是来自对烹饪的热爱，这份爱，能够在精气神上体现出来"。

因为热爱，屈浩对于厨行的各种技艺都有涉猎，他学过冷拼、热炒、雕刻、面塑、黄油雕、巧克力雕……他学了就会，会了就能很不错。屈浩自己也说："'会'跟'好'本身差十万八千里，从不会到会可能很快，但是从会到熟练操作需要四五年。不会到会，会到熟练，熟练到好，这是一个境界。"

好老师，理论的高手

成了大厨，自然就有了很多机会跟其他厨师分享自己的经验。1990年，屈浩就开始了自己的烹饪老师生涯，这一晃已经二十多年了。"我在新加坡工作的时候，就曾在新加坡工会担任烹饪系的烹饪导师。回国也一直开培训学校，还在国内的将近二百个电视节目里教做菜。"

屈浩说，他最开始做厨师培训时，范围就涵盖了全北京市，十几个郊区、县、军队、厂矿、大专院校都归他当时任职的单位。那阵子他忙得几乎脚不沾地，白天讲课，晚上还时不时得开车到十渡担当厨师考试的评判工作。但他忙得很开心，觉得这份工作是在提升厨师行业的全面素质："为什么我在北京的知名度比较高？因为圈儿里好多人都是我的学生。我从二十八九岁的时候开始参与餐饮教学，听课的学员有的都三四十了。现在我五十多，当年的'学生们'都六七十了，一见着我还是称呼我'屈老师'。"因为把更多精力投入到厨师的培养中去，屈浩老师的身份占据了主导地位，这是否背离了他热爱厨艺的初衷呢？他却不这么认为："作为教师的要求，其实远远高于厨师。我们不仅仅是技艺的高手，同时也是理论的高手。烹饪理论是对技术的全面支撑。只有对烹饪理论非常了解，才能把掌握的零零散散的技能形成一个完整的体系，脑子里才能够融会贯通，这点是非常关键的。"屈浩不仅强调理论的重要性，他还坚持，厨师要有眼界。而培养厨师的老师更是要有前瞻性。

"老师一定要站在餐饮的前沿，掌握世界餐饮的最新动态和最先进的设备。老师要给学生讲很多东西。除了讲技能、技法，还要讲当今的餐饮动态，世界餐饮的流派，以及现在厨房革命发展到什么程度。一个国家的烹饪技术的先进与否，决定于科技发展的水平。如果老师不能掌握最新的厨房科技，教学只能讲一些最基础的技法，就失去了做教师的意义。所以教师在某种意义上讲，必须站在最前沿，传达新信息和新知识，才配被称为一名合格的老师。"

听着屈浩这些话，我心里涌起了一个念头：原来，烹饪老师是厨师圈里最时髦的人。屈浩很认同我的这个想法，他说，时髦是必须的，但同时仍要延续传统。传统的延续在屈浩眼中，有不同的方式方法，可以依靠继承和发展传统的烹饪技法，也可以是了解和传承悠久的饮食文化——"老师，有很多种类型。虽然，在传授厨房技艺时，多数时候需要示范，但并不代表着老师的厨艺就一定是出类拔萃的。就像运动员跟教练员的关系。"

屈浩说，厨行里还有一种"老师"，完全不会做菜，但会说菜。"这些人见过吃过，懂菜，懂中国历史，能把菜品的起源、文化说得头头是道，这是任何一位烹饪大师所不及的。大师们说不了那么细，说不了那么生动，讲不出这么多名人趣事来，这就是饮食文化的传承。文化上的大师其实也是真正的大师。"屈浩本人对于文化上的大师极为推崇，因为正是这些懂吃，懂文化的人，才更能推进菜品以及餐饮业的进步。他举了一个有趣的例子："以鲁菜中一道著名的汤菜乌鱼蛋汤为例。厨师带徒弟的时候，很难讲精准，这道汤到底应该多酸、多辣为适宜。而我的一位老师——丰泽园老堂头王元吉，他却能精确地把它形容为'连喝三口，酸辣咸鲜四味鼎足为合适'。我后来又给他延伸了，第一口，咸鲜上口，味酸微辣，第二口，酸辣顶起，第三口，酸辣咸鲜四味鼎足。这些东西需要文人们的描述，美食家或者一些餐厅经理的总结，因为他们吃了一辈子了，他们最了解客人的需要和口味。"

在屈浩眼中，国外的厨师不管是从身份地位还是从整体素质都要比中国的厨师高出一大截。国外的厨师好多是大学生、研究生，都是烹饪系毕业的，人家是把厨师当成一种神圣的职业，是一种艺术家的范儿，起点就比中国的厨师高。"眼界决定了一名厨师的理念和思维，没有先进理念的厨师上不了台面。境界达不到，格局也有局限。当烹饪技艺达到一定程度之后，就应该着力发展厨师的眼界了。"

问及屈浩对未来的打算，他只给出了一句最简单的承诺："把学校办好！"其实，这句简单的承诺中蕴含的却是把中国的厨师培养成眼界开阔、思维活跃、技艺精湛的艺术家的理想，而这也正是屈浩目前正在为之努力的事业。

山东海参

原料

海参，五花肉片，山药，水发海米，鸡蛋皮*，葱丝，蒜片，香菜

调料

盐，味精，料酒，香油，醋，高汤

制 作 步 骤

① 海参洗净切成抹刀片，鸡蛋皮和山药切成象眼片，香菜切成段，海米洗净切成末，海参用开水氽透洗净，山药片用开水氽透备用。

② 汤勺上火入油烧热，下入葱丝、蒜片烹锅，下高汤及调料，海参、山药烧开捞出放碗里，再把生肉片入汤里氽透捞出，放在海参上面，撒上鸡蛋皮，放入海米末、葱丝、香菜，高汤打去浮沫，洒上香油，醋浇入碗里即可。

大 师 私 语

海参柔软，肉片鲜嫩、清爽，是传统的山东菜之一。

★ 此处的鸡蛋皮是指鸡蛋摊的薄饼。

芫爆鸡丝

原料

鸡胸肉，香菜梗40克，葱，蒜

调料

盐，鸡精，料酒，米醋，胡椒粉，香油，淀粉，葱姜水，香油10克

制 作 步 骤

① 将鸡胸肉切丝，葱切丝，蒜切片，香菜梗切寸段备用。

② 鸡丝用清水反复洗净，加入盐、鸡精、葱姜水、淀粉上浆备用。

③ 将葱丝蒜片放入碗中，加入盐、料酒、米醋、胡椒粉、葱姜水兑成碗汁备用。

④ 锅上火倒入油，烧至三成热时下入浆好的鸡丝，滑散成熟后捞出备用。

⑤ 锅回火留少许底油，下入滑好的肉丝与调好的碗汁，迅速翻炒均匀，撒入香菜梗、淋香油出锅即可。

大 师 私 语

　　口味咸鲜，鸡丝鲜嫩，色泽淡雅，香菜味浓郁，微有醋和胡椒粉的香味。

大师眼中的我

特别好学的学生

　　吴冰是特别好学的学生。原本我以为，吴冰找我学菜就是玩票，可一看她拿刀切菜、上锅炒菜的架势就知道，她平时一定是经常下厨的，而且在厨艺上下过些功夫。

厨师圈中的独行侠

香格里拉北京嘉里中心大酒店海天阁中餐行政总厨，2015年12月被中国饭店协会授予"中国烹饪大师"称号。

袁超英

袁超英很另类。他低调，接受的媒体采访少得可怜，然而媒体圈的大部分编辑都知道他，因为他热爱健身，是身材绝佳的大厨；他个性强，很少参与厨师圈的各种聚会及业务交流，但只要是他认准的朋友，绝对是两肋插刀的交情；他脾气坏，脾气上来了，不管是他的下属还是老板都一样骂，但骂着骂着，被骂的人就都认可了他，并对他表示信服……说起来，他有点像厨师圈里的侠者，为了自己的执着而享受着独行的快乐。

对待名气，如杨过之侠气：潇洒不羁，我行我素

在我的印象中，袁超英是一个神奇的人。第一次见他是在《上菜》节目的录制现场，同事告诉我说，他曾经是全聚德的主厨，现任嘉里中心大酒店海天阁的主厨，他曾经开过一家小小的餐厅，却云集了全北京非富即贵的客人，只因为他能做出全北京最好吃的烤鸭……这些道听途说的背景资料，让我对他越发好奇。在录制节目的过程中，我发现，袁超英竟然是位健身达人，身材好得没话说，状态也绝佳。他已经是当爷爷的人了，却像小伙子一样充满活力。他语速很快，气场很强，给人的感觉不那么容易接近。这样一个有着传奇经历的人，竟然没有什么媒体报道过他。在他的厨艺生涯中，至少有二十几年的时间，在媒体上的曝光率等于零。这样特立独行的一个人，我对于跟他学菜这件

事其实没抱太大希望。跟他提了一次，他客气地应允了，之后就再无下文……

　　过了很长时间，我已经基本上放弃了，却忽然收到袁超英的微信，上面短短的一行字，大意是：不是说想来学菜吗？过来吧！我忽然就很感动，原来他还一直惦记着这件事呢。后来跟他闲聊，他说，听我们节目组的一个编导说起我，说我真的是爱做菜、爱美食的主持人，袁超英这才发微信给我。因为他只认可对美食真正热爱的"同好"，既然我并非炒作，而是真心想跟他学东西，他就乐意教。我问他为什么不接受媒体采访，他说："我的兴趣都放在钻研厨艺上了，不在意媒体怎么去宣传、报道我。有时候，很多媒体的记者也好，编辑也罢，对美食并不是真正热爱，来采访，经常说一些外行话，我脾气不好，听着就觉得生气，我就想你什么都不懂，为什么还来采访我？于是干脆就不接受采访。"

　　听起来，仿佛有点傲娇，其实，这不过是袁超英对自己的自信。他热爱厨师这份工作，也热爱这门手艺，他相信他能把这门手艺做到极致。录制节目的时候，烤鸭上桌超过10分钟，他就会要求换掉，因为凉了的鸭子，口感就会受到影响。而他的店里，曾经有位大牌明星要求打包外卖烤鸭，他拒绝了，理由非常充分：因为他要保证他出品的每只烤鸭，客人吃到嘴里都是最好的，如果外卖的话，没法保证烤鸭的品质，因此不外卖。袁超英说："我坚持的是用全聚德最原始的做法来做烤鸭，因此在我做的烤鸭里，不会吃出其他的味道，我敢保证客人现在吃到的就是若干年前全聚德的味道。"有了这样的自信，袁超英自然不愿意花费太多时间面对媒体去解释或者说明什么，他觉得他的烤鸭最好吃，这就是最好的答卷了。

　　这就是袁超英，很低调，有个性，个性中又有着温馨的一面。我去他店里学菜，他会提前几分钟到门口来接我，我走时他还会请店员帮忙安排免费的停车券。真跟他交上了朋友，会发现他其实是个有侠义心肠的人。

对待工作，如郭靖之侠气：严谨细致，一丝不苟

袁超英生长在一个军人家庭，父亲一直在部队担任教官，他也从小在部队长大，这养成了他刚正不阿的性格。虽然，袁超英幼年时，父亲一直告诫他要多读书，多学习，但他仍然把绝大多数时间都"贡献"给了游泳、打篮球……等到高中毕业，袁超英才忽然发现，自己人生中最重要的抉择来临了——

当时的袁超英一心想去工厂当工人，于是拒绝了学校安排的三次工作机会，其中就包括全聚德。没想到命运却跟他开了一个小小的玩笑。工厂没去成，转了一大圈，袁超英还是成了全聚德的员工，而且，在全聚德服务了整整23年。

刚刚参加工作的袁超英带着一腔热情，原本厨房是9点半上班，他每天7点就到了，开始打扫卫生。他明白，厨师是勤行，只有勤快才能获得师父的青睐，师父也才愿意教你真本事。午休时间，其他人都休息了，袁超英自己默默地开始炸土豆、炸鸡、炸鱼、炸丸子……为晚餐做准备，当时中午炸完一筐丸子，他手都抽筋了。晚上8点钟下班，他还要给师父做顿简单的晚餐，等师父走后再把厨房归置干净。每天基本上都是早上6点钟出门，晚上10点半回家。正因为如此勤奋，袁超英很快获得了师父们的认可。当年分配到全聚德工作的150人中，只有6名被选为炒锅，有资格上锅炒菜，这是厨行里至高的荣誉，这6人当中就有袁超英。

上帝不会给任何一个人一帆风顺的经历，袁超英也是如此。他性格太过直率，眼睛里不揉沙子，看到同事一星半点儿的偷懒行为，他都会直言不讳，结果自然是同事们觉得他太傲，开始排挤他。遭遇到这些的袁超英，一度对工作失去了兴趣，每天都跑到餐厅的地下室躲清闲，直到师父找到他，跟他谈心，这才打开了他的心结。从那天开始，袁超英不再计较身边同事的眼光，而是一门心思学技术，他慢慢明白了一个道理：只有技术过硬，你才有话语权。而后，袁超英在全聚德工作的日子里，去过很多家不同的门店，被外派过，当过主厨，也当过总经理助理，他超凡的厨艺以及特别坏的脾气，在全聚德里都是

出了名的，喜欢他、乐意帮他的人，与讨厌他、不爱理他的人都不在少数。而此时袁超英也开始有了自己的想法，他辞职离开了全聚德，开了属于自己的一家店——鸭缘。

因为自己姓袁，再加上袁超英觉得能进店来吃自己菜的客人都跟自己有缘，于是小小的店面的名字就这样定了下来。鸭缘最开始仅有外间5张小桌，里面4个小单间，但从袁超英接手开始，这里几乎每天都爆满。"当时来鸭缘的客人请朋友吃烤鸭，都会感觉很有面子。他们会跟朋友说，这是全北京最好的鸭子。"袁超英说，鸭缘的客人不管多有钱，多有名，多有地位，都是为了品尝最美味的鸭子，所以，对他而言都是一样的客人。这些客人都是真心喜欢他，认可他做的东西，慢慢地也变成了他的朋友。"鸭缘，我做了10年，每天都要看着店，我要求每个细节都必须到位，几乎所有的事情，都亲力亲为。现在回想起来，我都不知道这10年是怎么过来的。"所以，想要被人认可需要一个过程。袁超英说，他是几十年如一日在做这件事。

对待传承，如萧峰之侠气：狂热执着，无怨无悔

"我这个人第一喜欢简单，第二喜欢传统，我不太喜欢这些所谓的创新。传统的东西既然能流传下来，是经过多少代厨师的经验积淀，而被绝大多数食客认可的。就像是老食客去老字号吃饭，不用看菜单，就可以直接点菜，点的都是店里最拿手的招牌菜。厨行里有句话叫：一个餐厅有一道菜做得好，这个餐厅就做活了；有三道菜做得好，这个餐厅就做火了。"

在对待餐饮文化的传承上，袁超英的执着甚至带了点狂热的味道。在全聚德23年，之后是自己的鸭缘餐厅，再到现在香格里拉酒店集团旗下嘉里中心的海天阁，主打的一直都是烤鸭。在录制《上菜》节目时，主持人问袁超英，他如何评价自己做的鸭子？袁超英说："如果我说我做的是第二，那没人敢说第一。"但袁超英也强调说，没有全聚德就没有今天的他，他的技术、人脉都是从全聚德带来的，全聚德成就了他。

那么这全北京最好吃的烤鸭，究竟有什么独特之处？袁超英说起鸭子来头头是道："很多店里的烤鸭都改良了，怎么改良的？加了大量添加剂，来追求鸭皮酥脆的口感。我只能说，这是歪门邪道！我们店里的鸭子，是传承了全聚德151年历史的挂炉烤鸭，我们这些厨师非常用心，按照每一个操作规程去做，任何添加剂都没有，原汁原味，包括饼和甜面酱。我有坚持的道理和坚守的意义。"的确，袁超英店里的鸭子呈现出明亮的枣红色，带着果木的香气以及鸭子的原香，尝一口，外皮酥脆，肉质鲜嫩。

袁超英自己坚持传承传统的饮食文化，因此对于与他一般有着同样执着的同行也带有非同寻常的尊敬。他很欣赏香港的福临门酒家，说他们家从40年代做堂会开始，直到如今60多年，品质、口味一直不变。坚持传统是最难的，袁超英说，这么多年，他就是扛下来的！"做一件事放弃太容易了，尤其是中餐。人生谁都会遇上点儿挫折，只要是人就都有低潮的时候。想要坚持一件事，只能从细节做起，尽量把每个细节都做到完美。"

入职五星酒店，对于袁超英来说，是一种全新的感觉，他见到了更多食材，见识了更多烹饪技巧。同时，也接待了更多不一样的客人。2015年，美食家蔡澜先生来北京，被朋友带到他的店里吃烤鸭。当蔡先生吃完袁超英坚持以古法枣木烤制的鸭子时，忍不住叹道：这鸭子，绝对是北京第一，也可以说天下第一了。后来，蔡先生还特意写下了"烤鸭传承"四个字送给袁超英。袁超英说，中国的饮食文化实在是博大精深，一辈子都学不完。作为厨师，只能不断去提升自己的见识，刷新自己对食物的见解。虽然执着于传统的传承，袁超英却坚持不收徒。他说，他有自己的团队，他的团队中不少人是从1992年就跟着他的。"他们跟着我干，这么多年，我相信他们都学到了真本事，只要能学到真本事，何必要执着于师徒的名分？"

袁超英的团队目前正不断在香格里拉酒店集团旗下的酒店里做烤鸭的推广。北京烤鸭是北京的一张名片，袁超英希望，他能把这张名片发送到全世界去，能让这门技艺发扬光大。

经典鸭菜之干烧四鲜

主料

熟鸭脯肉200克，熟香菇100克，冬笋250克，鲜扁豆100克

调料

料酒25克，盐2.5克，鸡粉2.5克，白糖20克，葱姜油20克，油1000克（因制作过程含油炸步骤，需准备油较多，但实际油耗约为50克），高汤500克

制作步骤

① 将鸭脯切成1厘米宽、5厘米长的条，冬笋切成棱角条，干香菇蒸熟后切成1厘米宽、5厘米长的条，扁豆切成5厘米长的段。

② 锅上火，放高汤，放入鸭条，加料酒、盐、鸡粉、白糖烧开，用文火煨30分钟，捞出放入碗中。

③ 再把冬笋、香菇分别放入高汤，加料酒、盐、白糖焯一下，捞出放入碗中。

④ 炒勺上火，放入油，先下入扁豆，小火炸熟后捞出；再下入冬笋炸至金黄色捞出；下入香菇稍炸捞出；最后下入鸭条，炸至枣红色捞出。

⑤ 炒勺上火，放入葱姜油、盐、鸡粉、白糖，用料酒烹锅，立即将鸭条、冬笋、香菇、扁豆一起倒入勺中，颠匀翻炒几下，淋几滴香油出锅即可。

别看这道菜烧制的方法并不难，但这是一道有着一百年悠久历史传承的鸭菜，口感微甜，气味甘香，营养也很均衡。

勤奋好学的小美女

通常美女都不大勤奋，可能是因为已经有了相貌上的优势了，就感觉没必要太勤奋了。吴冰不是这样的，她很好学，很刻苦。我教她做菜的当天，她不仅跟着我准备所有的食材，不断问我各种问题，还从头到尾都跟着我动手操作，我觉得挺难得的。一起吃饭聊天，又发现她对饮食文化了解颇多，在这方面是下过真功夫的。

做菜如楷书，方方正正

中国烹饪大师，著名川菜厨师，高级烹调技师，烹饪专业教师，擅长烹制川、鲁名肴。

牛金生

牛金生很帅，跟年龄无关，第一次见他，就给我这样的感觉——几乎全白的头发理成利落的小平头，整个人帅气得很。认识他之后，我发现厨师界真是藏龙卧虎，因为牛金生就是一个将N种状态交融在一起的人：他是顶级大厨，是优秀的老师，是厨师界的主持人，还是厨师圈的书法家（亲自题写本书书名"有滋有味"）……跟牛金生聊得最多的当然还是厨艺，在与他的接触中，我对川菜有了更多的了解，川菜不等于麻辣，很多川菜都是不辣的，而只是呈现其美好的本味。

殊途同归，弘扬真味

最开始认识牛金生，觉得他是一个粗线条的人，特别有北京的"爷范儿"。抽烟，还挺勤，喜欢喝浓茶，说话直爽，动作麻利，做菜的速度可以用"秒杀"来形容，有时候不盯着看都看不清楚。后来慢慢接触多了，我发现，牛金生内秀，他不仅是圈里各种活动的御用主持人，还写得一手好书法。牛金生热心，圈里的拜师礼啊，开业典礼什么的，只要是请他，他一概不推辞，而且，主持风格风趣幽默、情真意切，往往能让活动特别出彩。他的字更是不同凡响，圈里人都知道，他的那一笔楷书，真是颇有功底。我原本就存了为这本书向他求幅字的打算，没想到，一起录节目时，刚说了句打算出书，他马上说："要不我给你写个书名吧！"他这么说，是认可我的。有一次在录节目时他提及身体有些小恙，我帮忙联系了专家，但他太忙也没去成，他倒总觉得欠我一个人情。但其实我觉得，我们是彼此认可的好朋友，互相帮助不过是举手之劳。

提起跟牛金生学菜的过程，现在想想都觉得有趣，我跑去他工作的烹饪学校，学菜的地点就是他平时授课的课堂，而我的同学就是学校里他的十几个学生。课堂的设计蛮有趣的，三面都是金属的台面，台面上有灶眼儿，一面墙上摆着好几个老木的菜墩子，还有菜刀。当天，"牛老师"要教学生的菜是红烧鱼，讲解示范完毕，他叼起一根烟，拎上一壶茶，坐在课室的角落里，看着学生们操作，时不时指点一两句。如果有学生做好了，他就让端过来尝尝，尝过之后会给出一个评判。这样的上课氛围真让我觉得新鲜又有趣。于是，我提出来，我也学着做吧。牛金生欣然同意，并让学生帮我找来一顶西点的小帽子。这是我的学菜生涯中，唯一的一顶小黑帽，像个小头巾一样扣在头上。牛金生说："今天给你弄点特殊的，你别老是一个造型，你戴这个挺可爱的。要不要试试歪戴着？"说着还露出玩味的笑容，让我察觉到他骨子里那种老顽童的心性。

不管平时多乐呵，一旦说到做菜，牛金生的气场立马就变得沉稳且严谨。貌似简单的一道红烧鱼，仅仅是勾芡这一道工艺，牛金生就讲出了门道。我特别喜欢听牛金生用地道的老北京话聊厨行里的见闻和他对厨艺的理解，透着亲切，又充满着智慧。牛金生是北京非常早的一批川菜大师，在我心里，他甚至有点儿像一位川菜的传承大使。在今天被水煮鱼、香辣虾、毛血旺等麻辣菜肴充斥着的北京川菜市场里，我听他讲四川菜的本味，确实别有一番味道。牛金生对现今人们对川菜等于麻辣的理解真是深恶痛绝。他曾经无可奈何地对我说："好多人劝我，说干这行得保护自己的舌头，抽烟喝酒对味觉不好。我就说，烟酒这点儿小刺激，跟现在不少厨子做菜时加的辣椒、花椒比起来实在是微不足道啊，麻得辣得都哆嗦了，刺激得都受伤了，能叫好吃？"

我第一次知道，川菜里其实有很多不辣的菜，就是牛金生告诉我的。他说，川菜的味道中有一种就叫作本味，代表菜之一就是"白味豆腐"。但这个菜，如今的不少年轻厨师别说是做，就是听都没听说过。

牛金生强调，中国的烹饪最牛的到底是什么？就是调味。中国人讲究和谐，在烹饪上，和谐就是调味的技巧。"简单地说，调和五味盐为主，光搁盐行吗？光搁盐齁死了。可没盐就没味了，没滋没味的菜会好吃吗？煎炒烹炸醋当先，光搁醋行吗？牙都酸倒了，还怎么吃？"调味的基础是让舌头，让胃都舒服，"现在的有些川菜厨师越做越麻，越做越辣，什么原因呢？因为人们的舌头都已经被吃坏了。不给足够咸足够厚的味道就觉得没味，甚至出现了化学合成的辣椒精。菜品本来的味道早没了，都让调料的味儿给盖了。"

说到这儿，牛金生展开桌上的纸签给我看，上面工工整整地写着几个漂亮的楷书："家常珍馐，鲜咸淡。"牛金生说，咸中有味，淡中有鲜，这才是菜的魂啊！我问他，目前错误的认知已经形成，绝大多数人对川菜的理解就是麻辣，该怎么办？牛金生对此也颇感惋惜，他说，他只能从自己做起，不管是上电视做节目，还是做一些高端的宴席，甚至是在学校教自己的学生，他都会选择制作一些不辣或者微辣的川菜，身体力行地传递正确的烹饪理念：川菜不等于麻辣，川菜有自己的底蕴和规矩。牛金生说，他这是在为了传承中国的饮食文化做自己力所能及的事情，而我写本书的目的也是弘扬传统饮食文化，我俩这就叫殊途同归。

做菜如写楷书，方方正正，线条分明

跟牛金生接触多了，看到过几次他在厨师圈里主持活动，印象最深的是他主持的郑秀生老师的60岁生日会。当时，郑秀生老师的徒弟们都从四面八方赶来参加，牛金生在台上可谓妙语连珠，情真意切，看得我眼泪直在眼圈里打转。去跟他学菜，发现他坐的小桌上摆着一沓白纸，短短的几支铅笔。原来在学生们听完他的讲解开始操作的短暂间隙，他就会在这些纸上写下自己对厨行的感悟，而后，还会让学生们来看他写的字。他的书法古意盎然，有些更是繁体字，学生们认不全的时候，他就让学生们去查字典，搞清楚寓意，还说，这都是留给孩子们的宝贝。跟牛金生聊天，你会发现，他博闻强记，讲起厨行的典故来更是引经据典、滔滔不绝，还真都是应该留给新厨师们的宝贝。

牛金生说："早年间，厨师的地位不高，就叫厨子，很多前辈都是因为生活窘迫不得不入了这行。因此很多人没有文化，在这一行里干了一辈子，自己的心得体会却总结不出来。现如今不同了，厨师也有文化了，你再看那些菜品，从出品的品质，到色彩、装盘，方方面面都有了提升。我们这个年龄段的人，跟现在年轻同行想的不太一样。我们的眼界、思路都没有他们宽，但我们内心里就是抱着一个'既定'，什么既定？就是我跟师父怎么学的，我学会了，我得把我学会的东西，我的思想体现在我的菜肴里。"牛金生的"既定"在他上节目时体现得淋漓尽致。每次来《食全食美》，他总是摈弃那些花里胡哨的东西，只选择看起来简简单单，但做出来却非常美味的菜肴。在教菜时，他也会根据自己的经验，反复强调菜品的关键步骤，力争让观众看过之后做出来的菜不走样，我跟他合作多次，一直都觉得他实在是一个好老师。

身为老师，牛金生是称职的，但是作为厨师呢？其实，打一开始他真没打算入这行："我当年参加工作的时候，这算服务行业，不爱干，但那时候没别的选择啊！不像现在的孩子们，不爱干这个可以干别的，我们一旦进来，就走不了，就跟上了'贼船'一样。"我大笑，合着是这"贼船"一上去就40年都没下来啊！"还真是这样，不爱干不爱干，干了三四年之后，就干出味道来了，就渐渐爱上了。"最开始学烹饪，牛金生是为了面子，他说，自己也不比别人笨，别人会的，自己也得会，甚至得比别人强。正是这种好胜心，让他在即便不那么喜欢厨师工作的头几年里，也在学艺的过程中不甘人后。而等到真正发现了这一行的妙处，爱上了这一行，他就开始不断琢磨，不断提升自己的厨艺。牛金生自信地说，也许他并不比圈里的一些顶级大厨聪明，或者没有一些大厨那样好的平台，但是就菜论菜，大家各有千秋！

他到底是怎么爱上书法的呢？书法与厨房可实在是扯不上半点关系呢。牛金生说，写字可以让他静下心来思考，而在思考的过程中，他就形成了自己的一套对于厨艺，对于厨师，对于菜品的看法和做法。"我做人做菜的宗旨是，不管谁来吃，首长吃，客人吃，朋友吃，抑或旁边拉板车的民工来吃，我这菜端出去都应该是一模一样的。我能拍着胸脯说，我绝不会偷工减料。师父当年说，咱们这是为人民服务。现在很多人不爱听这话了，但这其实是真理。人人为我，我为人人。厨师的工作说白了，不就是把美味带给客人吗？我喜欢书法，为什么？就像做人一样，方方正正，线条分明，做菜也一样。"

照猫画虎？还是先照猫画猫吧！

虽然是名厨，但牛金生的本职工作其实是教师，他更多的工作是在教学，因此，中国烹饪文化的传承对他而言，是一件非常重要且神圣的事情。传承与创新自古就是一对矛盾的存在，但力主传承饮食文化的牛金生，半点儿都不排斥创新。他说，美食是一定要创新的，任何一道美食都要经过不断地改良，而后才能流传下来。但这种创新要有一个度，根本的东西是不能瞎改的。曾经有一次，他在外面吃饭，餐厅上了一道东坡肘子，厨师在里面放了辣椒。他当时的感觉简直可以用"痛心疾首"来形容。东坡肘子这道名菜，即便是最普通的食客也能将其来历说出个子丑寅卯来。苏东坡是宋朝人，而辣椒是明朝才传入中国的，在东坡肘子里加辣椒，那做豆瓣肘子的时候，要加什么？这完全是没有文化，没有根据的胡改瞎改啊！

牛金生说，厨行里的人最怕被别人说成是"攒爷"，意思是说，全是自己生造出来的。一问这菜怎么来的？"自攒的。"自攒没问题，所有的美味最初都是自攒的，但是一定是经过了时间的锤炼，流传下来，这才有了根。我们很多菜品的诞生，都离不开一些文人墨客的功劳。这是因为这群人有文化，懂吃，爱吃，又喜欢琢磨，他们攒出一个菜，这个菜已经被他们提升到了一个高度，这种美味是有文化底蕴的，不是一拍脑门一个主意。牛金生说，就拿现在餐厅的菜谱来说，翻开来看乱七八糟，一个菜的菜名十几个字，简直能成一副上联。其实，过去人就连设计菜品的名字也是很有讲究的，其一是要对菜品有着高度的概括，其二是要合辙押韵，朗朗上口，这样才便于记诵，才能传扬。

再说那些烹饪的技法，更是前人千锤百炼才总结和传承下来的，这些中国传统饮食文化的底蕴才是如今厨师创新的根，所谓万变不离其宗的"宗"，离开了这些东西的创新，只能是无源之水，能存活多久，完全是靠运气。"老话说，照葫芦画瓢，照猫画虎，放在厨艺上，这不对，一定是得先学会照猫画猫才行，猫都画不好，怎么可能画得好虎？人的一生是很短暂的，一生能积累的经验能有多少，留下来给后辈，被后辈继承和发扬的又能有多少？如果真能将前人的智慧继承下来，那能少走多少弯路啊。"

牛金生说，厨艺传承之所以有一定难度，跟之前主要的传承方式是"口传心授"有密切的关系。"现在流行手感，打球要手感、开车要手感，其实当厨师也是要手感的。师父的一个眼神、一个动作当时没领会，一种技艺就有可能打折甚至直接失传了。"即将退休的牛金生说，等他退休了，他要找一个平台，继续去传承他热爱的中国烹饪技艺。

传统川菜招牌宫保鸡丁

主料

鸡脯肉或鸡腿肉

配料

油酥花仁

调料

酱油，黄酒，醋，盐，味精，白糖，高汤，湿淀粉，葱节，姜片，蒜片，花椒，干辣椒节，辣椒面

制 作 步 骤

① 鸡肉捶松，剞花刀★后改刀切成梭子型丁，用酱油、黄酒、盐码入底味，加湿淀粉浆匀待用。

② 碗内放酱油、黄酒、醋、盐、味精、白糖、高汤、湿淀粉，勾兑成碗芡。

③ 锅上火，放底油，下入花椒、干辣椒节小火缓炸，待干辣椒呈棕红色时下入浆好的鸡丁炒至散籽亮油、互不粘连时下入辣椒面，炒出颜色和香味，后下入葱、姜、蒜爆香。

④ 烹入兑好的碗芡，待芡汁糊化后，撒上油酥花仁翻炒均匀即可装盘。

大 师 私 语

色泽红亮，花仁酥香，鸡丁滑嫩，鲜咸醇正，麻辣味厚。烹制此菜最要紧是火候要急，短炒，旺火速成，调味时糖醋1:1，咸味要稍重，上浆宜厚不宜薄。

★ 在原材料表面上划出横竖刀纹。

山东风味红烧鱼

主料
鲜鱼一尾(鲤鲅鲈黄鲩均可)

配料
肥瘦猪肉片，水香蕈

调料
酱油，黄酒，醋，盐，味精，白糖，水，湿淀粉，五香油，葱姜末，蒜瓣，青蒜段

制 作 步 骤

① 鱼刮鳞挖腮去内脏洗净，剁去背鳍、胸鳍，修整尾鳍，抽去腥筋，在鱼身两侧剞斜一字花刀，用酱油黄酒盐码入底味待用。

② 锅上火加宽油，烧至七成热时，下入鱼炸至挺身紧皮捞出。

③ 锅回火打底油下入肉片煸香后，下入葱姜末和蒜瓣稍煸，下入鱼后烹黄酒，加酱油，添开水，加盐、味精、白糖、米醋调味，开锅后尝好口味，转小火烧。

④ 适时翻面，下入笋片、香菇，待汤汁剩三分之一时，转中火略烧，再加醋补味后，用水淀粉勾芡。

⑤ 芡熟后淋明油，撒上青蒜段起锅装盘即可。

大 师 私 语

色泽红润光亮，咸鲜酸香回甘，鱼肉软熟离骨，上席形态美观。烹制此菜关键是调味调色，过甜则不香，色浅则混浊，火急不离骨，补醋才增鲜。鱼是烧熟的而不是炸熟的。

大 师 眼 中 的 我

别人久病成医，吴冰久食成厨

　　有句老话叫：久病成医。也许这词儿用这儿不恰当，但吴冰就是这个道理，她得算"久食成厨"吧。做节目，加上自己喜爱，天天接触的都是美食，关于顶级的厨师，关于美食的理论，关于美食的程序，从食材，从色彩，从烹调方法，从营养价值到评赏，她每天接触的都是这个，她就变成了一个懂美食的人。就好像听京戏的老戏骨，有时候比那些新"角儿"还懂行。

烹饪大家的减法

国家高级烹饪技师，军队名厨，中国烹饪名师，全国五一劳动奖章获得者，被誉为中国"博古斯"第一人。

王海东

　　不知道是不是因为名字里有"海东"二字的关系，王海东特别擅于烹饪海中的特产——带鱼，他自创了带鱼宴，能用这味食材做出一百零八道美味菜品，而且，这个数量还在不断增加。如今说起烹饪这件事，王海东却说他要求自己做减法，将调料减到最少、最必需即可。王海东说："食无定味，适口者真。"而这"适口"二字，绝不是将所有调料都集中在一道菜里就能达到的。

减去虚伪，朋友相交真情意

　　我最开始每次见到王海东，都会想到一种食材——带鱼。因为他是带鱼宴的创始人，最初上《食全食美》节目的时候，每次都是做带鱼。录制的间隙，他还给我讲带鱼，脱骨的、软炸的、焦熘的……他对带鱼的了解完全刷新了我对这种食材的认知。

　　王海东的工作单位不是什么五星级的酒店饭店，而是一家单位的食堂，他已经在这里踏踏实实工作了近二十年。在这里他成为中华传统烹饪技艺传承人，而且有了国家扶持的烹饪传承工作室。用王海东自己的话说，在哪儿工作都一样，认认真真做事，就能有回报。王海东的办公室，对着门的大办公桌上铺着厚厚的一叠宣纸，旁边摆放着砚台和毛笔，昭示着主人的爱好。办公桌左侧的书橱里摆放着不知道多少个奖牌、奖杯，述说着主人在烹饪圈的辉煌，而作为它们的主人，王海东却说，这些东西对他而言，都是经历，经历过了，也就结束了。

我个性比较随和，而王海东是比我还随和的一个人。他圈里圈外朋友极多，应酬自然也不少。有一次，一个朋友要给他录制一个名为《鲜之道》的小宣传片，这可难住他了。虽然，不管面对什么食材，他都游刃有余，但在镜头前，他却完全找不到感觉，别看在电视台录过那么多期节目，一旦面对镜头他却老是眼神游离。朋友帮王海东设计的台词偏偏还不那么口语化，要求他使用标准的电视广播用语。录制过程中，王海东怎么录怎么别扭，急得不得了。刚好，这事儿被我赶上了，我就帮他想办法。我找来一张大白纸，将他要说的台词悉数写在上面，并将白纸放在镜头前，嘱咐他，眼睛盯着这块自制的"提示板"，这才顺利完成了录制。后来，王海东夸我：招儿真多，效果不错！

因为大家伙儿都忙，所以，跟王海东见面的次数并不是特别多。他工作室成立的小型活动，想找个主持人，就打电话跟我说，我也爽快地答应了。对我而言，是举手之劳，王海东却一直念着我的好。我跟王海东之间，就这样因为一件又一件的小事，变得熟悉起来，慢慢地成为很要好的朋友。我曾经问过王海东一个问题，我说："你下班回家还做饭吗？"他说："不做。一个是做不动了，一个是孩子也不爱吃。"这个答案让我大感意外。"怎么会呢？你是顶级大厨，做饭怎么可能不好吃，孩子怎么会不爱吃呢？"他一脸无奈地回答："不是不好吃，就是孩子的评判标准跟食客不一样，比如炒一盘西红柿炒鸡蛋，按照厨师对菜品的要求，西红柿是西红柿，鸡蛋是鸡蛋，是不能出大量汤的。但是孩子就喜欢用那个汤儿拌饭吃，所以，孩子更喜欢吃他妈妈做的饭。"王海东说，这是他的一个遗憾，这么好的手艺却没法在家人面前得到一个赞！

最开始，我误以为他对带鱼的了解是家学渊源，后来才知道，这一百多道的带鱼美味，全是他自己琢磨出来的。而缘起，却是一件非常偶然的小事儿。

2000年左右，有一天下午上班，王海东发现菜板上有一块带鱼，可能是午餐时用到的食材，小徒弟们收拾厨房时遗漏在这儿了。当时，不知道出于什么想法，王海东随意地拿起菜刀，就将这块带鱼从后面将脊骨剔掉了。再看看整整齐齐的两排肉，王海东当时就心下一动，想着既然能剔骨，那么就应该可以尝试其他做法。这做菜跟艺术创作是相同的，灵感来了就一发不可收拾。王海东马上就让学徒们又拿了几块带鱼来，剔骨切丁，炒了一个黑椒口味的带鱼丁。一尝，味道不错啊！自此，王海东开始发挥自己的想象，利用厨师最基本的套味法和套技法，开始琢磨如何烹调带鱼。

王海东告诉我："所谓的套味法，就是套其他菜的味道，比如套川菜的一些口味，可以做鱼香带鱼、宫保带鱼、水煮带鱼、麻婆带鱼……套技法则是套用其他菜的烹饪技巧，可以蒸、可以炸、可以煮、可以烤、可以熘、可以爆……"短短一个月的时间，王海东就琢磨出来了一百二十几种带鱼的做法。虽然，当时这些菜品都还显粗糙稚嫩，但从凉菜到热菜，一桌子全是带鱼的理念却非常新鲜。于是，没过多久，带鱼宴就作为餐厅的招牌推出了。适逢那威的节目《那小嘴》开播第一期，王海东上节目做了一道带鱼，那威更是在节目中推荐了带鱼宴。从此之后，带鱼宴一炮而红。

那段时间，王海东说，他自己简直魔怔了，对带鱼充满了"创作"热情。"那段时间几乎满脑子装的都是带鱼，带鱼和什么搭配能成一个菜，和什么烹调方法比较和谐，有时候晚上做梦还比画，甚至晚上做梦，梦见带鱼的新做法，我一下子就能爬起来，拿来纸笔把这个想法写下来，然后躺下接着睡，就怕早上起来给忘了。"到了2002年，带鱼宴已经基本成形，王海东这个名字也开始被越来越多的人熟悉。这时，新的挑战随之而来。

2003年，王海东参加了全国烹饪比赛，虽然中间波折连连，他还是众望所归拿到了全国烹饪总决赛的第一名，此外，他还获得了"中国烹饪名师""全国五一劳动奖章""全国十佳厨师"等荣誉。

王海东接到烹饪协会的通知，要他代表中国去法国参加博古斯世界烹饪大赛。博古斯世界烹饪大赛是1987年由世界厨艺泰斗保罗·博古斯创办的，被誉为"烹饪界的奥林匹克"。为了参赛，每位厨师通常都会花一两年，甚至更长的时间准备。而对于王海东来说，他剩余的准备时间，大概只有半年了，更何况他当时对于大赛的状况还一无所知。压力是巨大的，身边的朋友纷纷劝他放弃。

在这样的压力下，就连烹饪协会领导的态度也开始动摇，烹饪协会的领导对王海东说："如果准备不充分，就不要去参加了。"只有执拗的王海东不同意。他说："两年前，这次比赛就确定了有中国选手参加，如果不去，对国家的影响非常大。所以，必须得去，丢人现眼都是我一个人的事，和大家没有任何关系。"有了王海东这样坚定的信念，烹饪协会和他的工作单位自然是一路为他开绿灯，第一时间将他送往挪威、丹麦和法国考察，让他了解当地的食材，与当地的厨师交流。在挪威，王海东认识了一位餐饮的国际评委，他告诉王海东，王海东菜做得非常好，只不过是纯粹的中国风味。既然是纯中国的，就意味着不能和国际良好接轨，如果要跟国际接轨就必须要变。变什么？怎么变？这恐怕是王海东从这次对外交流中学到的最重要的东西。他见识到了西餐装盘的手法，也看到了西餐装盘中蕴含的美。最后，那一届的博古斯世界烹饪大赛中，第一次参赛的中国籍厨师王海东，得到了一个最佳创意展示奖。而在那次比赛中，王海东学到了更多西餐装盘的精髓。

减去繁冗，还原食物真原味

王海东在做菜上慢慢开始回归传统，他喜欢研究老辈人留下来的菜谱，研究地道的老菜，因为这些老菜都是依照最简单的方式来烹饪的。那年头，就是想找到这么多食材、这么多调料也不可能啊！因为对老菜的研究心得，王海东还帮徒弟拿到了烹饪比赛的冠军。当时，他徒弟准备参赛，请师父帮忙设计菜品。他就给徒弟设计了一道"赛螃蟹"，这道菜听起来实在是太平凡普通了，毫无亮点可言。而王海东查过老书，早年间的赛螃蟹的做法与现今常见的做法差异非常大，要先将鱼肉蒸熟后去骨去皮，与野生鸭蛋黄混合，还要加等量的水调味，然后上锅炒，炒出来特别嫩，鱼肉白嫩、蛋黄金黄，吃到嘴里就跟蟹肉是一样的。找到了老的技法，王海东还要融合新的理念——他将西班牙分子厨艺中的胶囊鱼子技术拿来，把姜汁、米醋调到一起做成鱼子，跟炒好的鱼肉一起摆盘上桌。菜品漂亮得简直让人不忍动筷，口感更是绝佳。

要做"减法"，这是王海东近年来一直要求徒弟们炒菜时注意的事儿。做减法，减到无法再减，包括料酒、味精、盐、葱、姜、蒜，王海东告诉徒弟们，这些调料不懂的时候就别放。"我给他们讲过一个很简单的例子，知道料酒是干什么用的吗？料酒的功效是去腥、解腻、增香。可是深究一下，料酒是什么东西？里边含什么？它是乙醇。乙醇是起挥发作用的。挥发只有在加热过程中才能体现。可有的厨师调饺子馅、包子馅时也加料酒。馅儿是要被皮儿包裹住的，即便是加热，其中的乙醇也没法挥发出来，自然起不到原本应该起的作用。这些化学常识，老书中自然不会提及，但是却能说明一个道理：用哪种调料、不用哪种调料，都是厨行里的老师傅们多少年来的经验累积，不需要去增加的就不要随意增加，将简单的东西做到极致就是完美。"

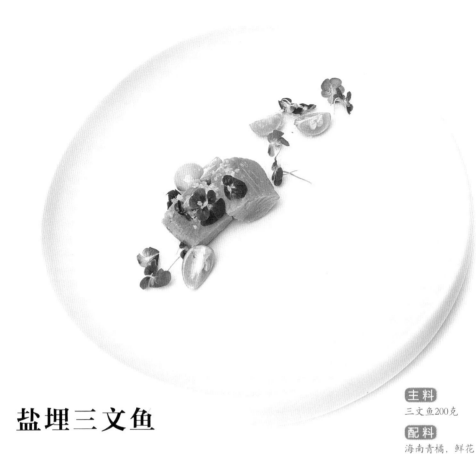

盐埋三文鱼

主料
三文鱼200克
配料
海南青橘，鲜花
调料
海片盐，盐，香草

制 作 步 骤

① 将三文鱼去皮、切成块，加入盐、香草碎，腌渍入味备用。

② 用锡纸包裹三文鱼备用。

③ 盐上火炒热，把包好的三文鱼埋在热盐中，加热四分钟取出。

④ 海南青橘切瓣，放在盘中，加入三文鱼。

⑤ 撒上海片盐，鲜花即可。

大 师 私 语

　　制作方法简单，口味也很简单，因为三文鱼的丰腴，只添加海片盐和香草调味，能更好地保留鱼的原味。

油爆澳带

主料
澳带200克

配料
茴香苗，蒜100克，鲜花适量

调料
法香菜50克，盐、蒜油适量，淀粉适量

制 作 步 骤

① 蒜瓣50克榨汁，加入盐调味，用西班牙分子技术制成蒜汁，鱼子备用。另50克蒜炸成金黄色备用。

② 法香菜打碎加入油、盐，加热备用。

③ 澳带上浆，滑油备用。

④ 锅中加入油，下入蒜瓣、蒜油，加入盐、汤、淀粉勾芡，下入澳带炒匀即可。

⑤ 将香草汁、蒜汁、鱼子装盘。放入炒好的澳带，放上鲜花、茴香苗点缀即可。

大 师 私 语

澳带肉厚，口感极佳，炸香的蒜瓣味道与澳带完美融合。

大 师 眼 中 的 我

特别能说到点儿上

　　我俩是在《食全食美》节目里面认识的，说起来认识也有些年了。她特别能说到点儿上，往往一两句话就能画龙点睛。她特别亲民，从来不因为她是主持人而让人感觉彼此有差距。我们在《幸福厨房》录一场比赛，在开始录制前，编导要跟她对台本，介绍每个到场嘉宾的简历，介绍到我的时候，她直接对编导说，海东哥就不用介绍了，他所有的简历都在我脑子里呢。

超级厨房中的青椒土豆丝

何 亮

北京国际职业教育学校烹饪专业主任，世界烹饪联合会、中国民营企业国际合作发展促进会饮食文化委员会、首都保健营养美食学会等协会组织理事。曾任《中国味道》《幸福厨房》厨艺顾问，组织策划及现场主持"一碗炸酱面"世界吉尼斯挑战活动，任《上菜》栏目策划、制作、厨艺顾问，兼任《味道学院》院长。

　　娱乐圈里有位大名鼎鼎的何老师，做主持、拍电影、导话剧、唱歌、教书……每件事都做得风生水起。厨师圈里也有位大名鼎鼎的何老师，与娱乐圈的何老师相比毫不逊色，他在自己主持的节目中教的菜式，不知道有多少成了主妇们的保留菜，他的学生更不知有多少成为我们不时光顾的热门餐厅的主厨，他现在更是中央一套《中国味道》节目第四季的厨艺总顾问……他是何亮，特别有想法的厨师，特别有亲和力的老师，笑容特别温暖的男人。

何老师的全面发展

　　跟何亮第一次见面，其实是在北京台同事的一个聚会上，大家热热闹闹地吃了顿饭。谁知道，在那之后，《幸福厨房》《食全食美》《上菜》……跟何亮的合作竟一发不可收拾。何亮还会经常参加《养生堂》等其他北京台的节目录制，还是台里"味道学院"的院长。这一堆头衔，其实没法表现出何亮的魅力，要知道，他可是无数喜爱做菜的大姐大妈们的男神！

　　想起跟何亮的合作，印象最深的要数鱼头泡饼冲击吉尼斯世界纪录的那天。我一整天都待在后厨，那里面非常热，简直要把人烤熟了。而何亮也是坚持了整整一天。活动结束，我俩不知不觉就坐在一张凳子上了，拍张合影吧，两人还一起摆Pose，何亮看上去还是那么阳光！我逐渐萌发了跟"男神"学做菜的想法。没想到，何老师还没教我怎么做菜，先把我对厨艺的理解全面更新了。

何亮认为，烹饪是一个非常广大的"面儿"，古人说，"治大国若烹小鲜"，能与治国相提并论，那可不是件容易的事儿。不论是食材、设备、技法、文化，乃至于餐饮企业的管理，在何亮的眼里都属于烹饪范畴，它是一门集合了知识、技能的非常全面的学科。不是某一个点，而是依靠众多个点有机地相互连接成线，再由线连接成面，有那么点儿包罗万象的意思。别看何亮已经在烹饪学校任教将近30年，在他眼中，烹饪这门学问，是无止境的，只要想学，天天都能学到新鲜的东西。

讲起烹饪，何亮真是滔滔不绝，因为他自己就是在这门学不完的学问里，每天每天不断学习着……"作为厨师，不懂食材行吗？不懂营养行吗？如今，只知道烹饪技法是远远不够的！当人们都吃饱了，想要吃得健康的时候，厨师就得慢慢学习中医理论，懂药膳，老祖宗不是说'药食同源'嘛！还得懂艺术啊，知道黄金分割线的原理，摆盘才能漂亮啊；得懂色彩学，知道怎么配色才能具有美感，同时又不让食材的味道相冲；还得懂……"听着何亮的话，我渐渐对烹饪有了一种全新的认识，做一道菜可不仅仅是调味，色香味俱全需要的是厨师的综合素质。

除了研究烹饪的本职工作，何亮还兼任着不少节目主持人的工作，没错，他就是跨界来跟我抢饭碗的！但不管做什么事儿，他都很认真，做主持也一样。他乐于琢磨：到底用什么样的语言才能将菜品的难点、重点解释清楚，用什么样的语言能引导观众的兴趣，怎么样适度表达自己的幽默感以及灵活机智……因为主持的多是美食类节目，何亮将这些也归类为关于烹饪的学习。有时候，我忍不住想，我在主持美食类节目时，是否也是在学习烹饪？

跟何亮聊起烹饪中的创新，他说："我崇尚的创新，其实是基于传统的创新，根不能变！这个所谓的根是什么？就是食物的本味。我们烹制食物时会用到很多种食材，每种食材都有自己的味道，好的烹饪是让每种食材都能呈现自己的味道，而不是用调料将所有食材的味道全盘统一。这样做不仅有悖于食材自身味道的发挥，更会扼杀了人们在享受美食时的想象空间和享受空间。"因此，何亮对于中国古老的烹饪技法有着深深的爱，他喜欢研究那些代代相传下来的烹饪技艺，在研究的过程中加入自己的理解和认知，让这些技艺在今天仍然能烹制出适合大众口味的菜肴。他教我的那道糖酒熏鱼，就是在传统技法的基础之上，因为一点儿意外而形成的新菜。

何老师的超级厨房

说到跟何亮学菜，就不能不提及他的超级厨房，那是我见过的最漂亮也最酷的厨房了。怎么来描述这个厨房呢？感觉很像一个古典风格的演播室。中式的装潢设计很大气，最有趣的是灶台、操作台都是可旋转的，人站在那儿不用动，灶台、操作台根据需要来转动，配合灯光，呈现最完美的效果。

何亮这是搞了个拍摄基地？一问才知道，其实，这个厨房最根本的用途是为了教学演示。这个厨房基本实现了他70%的想法，但已经足以令他骄傲了。"搞烹饪教学这么多年了，又参与了很多电视媒体的拍摄工作，还出国看了很多国外的厨房，我自己就非常关注这些方面，到处搜集资料，开始想设计一个特别的厨房——不管是从教学层面，从体现中国的饮食文化层面，从录影拍摄层面，还是从体现学生毕业的完整宴席层面……我想要把这些东西综合到一起，琢磨了很久，仅仅是设计就用了大概一年的时间，然后是八个月的施工时间。"何亮的这个厨房，现在可是名声在外了。很多电视栏目的节目组都曾来这里取景拍摄。

但提起当时设计和建造这个厨房的过程，何亮还是觉得有点儿不堪回首——与设计师交流、确定草图就经历了无数次的修改，其实，从开始施工的那一天起，才是各种修改真正开始的时刻。施工的这八个月，何亮说，他每天基本最少往施工现场跑二十趟，无论出现什么问题，他都得去解决。"结果？还算满意吧！对我而言，完美的概念是什么？只有有瑕疵的完美，才是最完美，如果这个厨房让我找不出毛病的话，下一个厨房我都不知道该怎么做了。"凡是到过这个厨房的人，几乎没有人不被它的美和实用性打动，所以，何亮的下一个厨房？这真是一个充满了挑战和神秘感的话题。就在这么一个高大上的厨房里，何老师教我的却是一道最最普通的醋熘土豆丝。

也许是看出了我的困惑，何亮用最简练的语言，让我了解了土豆丝的奥秘："别小看炒土豆丝哦！这个菜在很多烹饪考试时都会作为考题，通过率并不高呢！每个人都以为炒土豆丝很简单，其实，里面大有学问。从刀功、配菜，到烹炒的技法，一百个厨师就能炒出一百种样子和味道的土豆丝。"

所谓刀功，简单地说就是土豆丝到底该切多长，切多粗。何老师说，标准的要求是长度8厘米，大概和普通人的拳头一样长；而断面则是一个边长为0.2厘米的正方形，这样的土豆丝炒出来才能根根清爽。再来说配菜，如果配豆芽，就要考虑豆芽跟土豆丝的刀功得相互搭配；如果配青椒，则要考虑炒制过程中，青椒会因为失水而缩小，因此刀功上也要预留出这部分的量……都准备好要开始炒了，还得考虑醋的使用。在这道菜里，醋可以说是最重要的调味料，如何用，在什么时候开始用，以什么手法用？烹饪的调味分三种，加热前、加热中、加热后，炒土豆丝时会用到哪几种？如何掌握炒制的火候？在这一道土豆丝里蕴含了物理、化学的各种知识，炒这么一道简单的菜，其实就是对烹饪的全方位的理解和认知。

好吧，何老师，我们就从醋熘土豆丝开始学……

何老师的秘密武器

因为一直工作在烹饪教学的一线，何亮几乎对于任何菜肴都能如数家珍、滔滔不绝，唯独遇到面点，他总是需要考虑一下。中秋前，台里想做一期关于"如何快速做月饼"的节目，于是找到了何亮，何亮想了想说："咱们明天商量吧！"了解内幕的工作人员都忍不住掩嘴偷笑，小声嘀咕说："肯定又回家问师母去啦！"

事实就是如此，何亮的妻子正是他制作面点的"秘密武器"。他俩当年一起学习烹饪，毕业留校，妻子主修的就是面点。而何亮也坦然承认，自己的面点技艺都是从老婆那儿学会的。刚好有机会去何亮家拜访，我见到了何亮性情爽朗的另一半。谈起何亮，她的言语中充满了骄傲和欣赏。因为跟何亮一样，也是从事烹饪教学工作，她最得意的事情，也是听到学生们取得骄人的成绩。何亮听到妻子这么说，忍不住打趣道："是啊，孩子们出息了，成了五星级酒店的行政总厨，一个月能挣我一年的工资！"看着他俩对视的欣慰笑容，就知道，他俩心里肯定比自己挣了那么多钱还要得意。

何老师给学生们立了一条规矩，就是不许给老师买礼物，哪怕一根针也不行。何老师总说，学生们没挣钱，哪怕买支笔，花的都是家长的钱，真要感谢老师，等自己挣钱了，有本事了，哪怕给老师买辆汽车，老师也敢收。这样的老师教出来的学生，自然忘不了老师的情意，据说，从每年的9月10日教师节开始一直到新年，学校老师们的办公室里永远有新鲜的水果吃，都是回学校来看望老师的学生们带来的。

因为妻子的身体不好，家里的家务包括每日的三餐都是何亮负责。我不禁有些吃惊，何亮那么忙，哪有时间兼顾？何亮自己却笑着说，这也是一种锻炼啊！学校教学用的都是大灶，跟家庭用的炉灶截然不同，如果没有在家做饭的经历，他还真没法适应电视台录制节目的要求呢！如果要去外地出差，何亮还会预先准备好足够的半成品食物分门别类放入冰箱，妻子只需简单地加热就能解决三餐的问题。

不知不觉到了中午，何亮说，我给你们烙饼吃吧。不大会儿工夫，豇豆、青椒两种馅儿的馅儿饼就端上了桌。何亮的馅儿饼，绝对薄皮大馅儿，那皮薄得都近乎透明了。我偷偷问他妻子：这馅儿饼合格不？他妻子笑答：凑合吧！所以，何老师，仍需努力哦！

凝聚了烹饪理念精华的青椒土豆丝

主料

土豆丝350克，青椒50克

配料

白醋，盐，味精，葱，姜

制 作 步 骤

① 将土豆去皮、去蒂，切成2毫米见方、8厘米长的丝。

② 将青椒切成2.5毫米见方、8厘米长的丝。

③ 葱、姜切成5厘米长的丝备用。

④ 取净盆一个，加入1500克的净水和10克白醋，下入土豆丝搅拌10秒钟，控净水分。

⑤ 勺上大火，注入热水500克，开锅后下入土豆丝，15秒后捞出。

⑥ 炒锅上中火，加入底油10克，下入葱丝、姜丝，炒香后下入青椒丝，略微煸炒后下入土豆丝，改大火翻炒两下，立即下入盐、味精，翻炒15秒后装盘即成。

大 师 私 语

白醋有漂白增脆的作用，易挥发，成品无酸味。用白醋洗土豆丝，可使土豆外围淀粉溶于水中，成品清爽利落。

最后环节一定大火烹炒，这样可以增强土豆的香气和脆爽的质感。

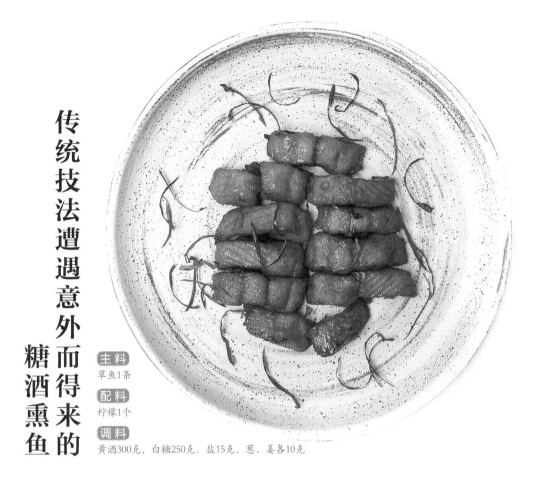

传统技法遭遇意外而得来的 糖酒熏鱼

主料
草鱼1条

配料
柠檬1个

调料
黄酒300克，白糖250克，盐15克，葱、姜各10克

制作步骤

① 将草鱼洗净，去除腹腔内的黑膜，然后用90摄氏度的热水将草鱼烫皮后，用刀轻轻刷去皮上的黏液，冲洗干净。

② 将鱼去头，顺中骨开成两片，顶刀直刀★切成宽2.5厘米的条，用葱、姜和料酒腌渍5分钟。

③ 用黄酒300克、白糖250克、盐15克调成糖酒汁，放入冰箱备用。

④ 锅上旺火，放入净油1000克，待油温升至六成（180摄氏度）热时，将腌好的鱼条沥干水分，分散下入锅内，改中火炸至金黄色，捞出，待油温再次升至六成热时，将鱼条复炸至能发出酥脆响声时，捞出控油后迅速下入冰镇的糖酒汁中，5秒钟后取出即可。

⑤ 柠檬切成2厘米厚的半圆片，装盘即成。

★ 顶刀，就是指顶着肌肉的纹路切。顶刀切片的好处是，容易把肉的筋腱切断，便于烹制适口菜肴。
直刀，就是直上直下地切，左手按压食材，右手持刀，刀身垂直于菜板上下起落，切断食材。

上课的过程当中，汁调好了，鱼也炸好了，捞鱼的时候一块鱼掉进了汁里边，拿出来的时候我尝了一下，别看就这几秒钟的浸渍时间，味道却很好，后来经过改良就有了这道菜。

热鱼和冷汁相遇时，汁水会迅速穿透酥皮进入鱼内，保持外酥里嫩、汁水饱满的特色，非常奇妙！

大 师 眼 中 的 我

有机会成为最会做菜的主持人

吴冰对美食，第一是喜欢，第二灵性也足。她跟我学菜的过程当中，我看她拿刀、切菜的手法，包括学东西时的表现都不错。她聪明劲儿够，对菜品的感悟也好。假以时日，我觉得她应该有机会成为最会做菜的主持人。

桃李满天下的厨行杂家

曾在国际烹饪大赛中获得银奖，在全国烹饪大赛中获得金奖。现任北京市外事学校烹饪专业部主任。北京市优秀教师、北京市专业教师学科带头人，人社部职业技能鉴定中式烹调专家委员会委员，国家职业技能竞赛裁判员，全国职业技能鉴定中式烹调专业一级考评员。

邓伯庚

从严格意义上讲，邓伯庚不能算是厨师，而是老师。他从毕业之后就留校任教，一直从事烹饪方面的教学工作。多年的教育工作，磨砺了邓伯庚的性格，让他待人接物时永远温文尔雅，如一杯温润的茶，初尝感觉淡淡的，越品就越有味道。

简单直接，温文尔雅

邓伯庚给人的第一印象是温文尔雅的，说话的节奏永远保持在温和缓慢的节奏上，仿佛有种泰山崩于前也不变色的淡定。我总想，他这样的性格是不是跟他的工作有关？因为一直在学校任教，被那些调皮捣蛋的学生将性格磨平了不少！每每看到邓伯庚的笑容，都能让人体会更多的东西——做菜时，他笑；交谈时，他笑；遇到问题时，他仍然面带笑容，仿佛这种简单快乐的状态就是他的常态。邓伯庚的这种亲切是在骨子里的，任何人与他交往都能感受到他的亲切。跟他交往，哪怕是第一次也不需要"破冰"，因为他总能给人一种莫名的信心，仿佛不管别人做了什么事，邓老师都不会生气。

当我提出想跟邓伯庚学几道菜，他的第一反应竟然是说，这是我去给他捧场，因为我电视台主持人的身份，乐意老老实实到他的学校里跟着他学菜，对他而言，对学校而言，他都觉得是有面子的事儿。而我也非常乐意到正规的厨师培训学校的课堂里，跟着老师好好学菜。这样的机会很难得，不仅能提高厨艺，更能看到厨师们到底是如何被培养出来的，感受一下从零开始的过程。于是，我的厨艺课被安排在邓伯庚任教的学校中的一间教室里，灶台的前方就是阶梯，老师在灶台上演示，后面的学生们都能看得一清二楚。

尽管是在教室里上课，但是邓老师却并没有按照他平时的授课方法教我。而是让我跟着他，一边交流一边讲解，同时一起操作完成了菜品的制作。邓伯庚说，这是因为我不同于他的学生，我对烹饪已经有了一定的了解和自己独特的见解。"吴冰因为主持节目的关系，对于烹饪并不是零基础，而且动手能力也比一般初入厨行的孩子们强，不能像教普通学生那样教她，所以，我采取了互动的教学方式，在与她的相互交流之中，完成了菜品的制作。"邓伯庚这样随机应变的授课方式也时常出现在他录制节目的现场，他总能用温和的语调、缓慢的语速以及清晰明了的表达方式让一众嘉宾和观众都能迅速掌握他教授的菜品。我想，这就是多年任教形成的自然而然的习惯吧，因地制宜、因材施教，这样的老师才是好老师。

学而不厌，诲人不倦

邓伯庚到底是如何成为培养厨师的老师的？他说，是偶然，也是必然。"当年上学选择烹饪专业是有点偶然性的，想报考摄影专业，结果那边人太多，就给调配到烹饪专业了。我一想，自己也爱做菜，学这个也不错。20世纪80年代，我毕业的时候，国内的餐饮业偶尔还会出现就餐难的问题。整个餐饮业都不正规，就业人员素质也参差不齐。而我刚好科班出身，刚毕业还带着不少学生气，当时权衡了一下，觉得不如留校，既不脱离自己的专业，还能为行业培养人才。"

邓伯庚就兢兢业业地一边学习一边任教，他特别清楚自己的定位，不管有多少额外的工作，他一直是学校的教学主力，负责冷菜、热菜和雕刻这三方面的教学。这对于一名厨师来说，几乎是不可能完成的任务。别说厨行里有着明确的分工，各司其职，极少出现身兼数职的状况，就单以热菜为例，也少有厨师精通多种菜系，不少人都是一辈子只专注于一种菜系。"我当初在学校学的是川鲁风味，后来到不同的饭店实习，又接触了江苏菜，粤菜也有涉猎。"这样广泛的涉猎简直可称厨行杂家了。正因为他是老师而并非厨师，他才有机会将厨行里的很多事一一尝试。"因为学校教学要求广度而非深度，老师要知识越渊博越好，这样学生也能了解更多的知识。如果是在餐饮企业里，就要求厨师精，能够精通一个菜系。因为一家餐饮企业涉及的菜系是有限的，厨师精通这个菜系，且能有打得响的拿手菜，才能帮餐厅打响名气。随便举个例子，比如燕窝，如果是一家家常菜餐厅的厨师，可能就没什么机会经常接触这类高档食材，而大酒店的粤菜厨师做起来可能就游刃有余。而我作为老师，不能不会做，因为我要教给学生，不仅教做法，还要教辨别，教营养搭配，教相关的知识，这些知识储备我都要掌握。但实际操作上，我肯定比不上天天做燕窝的粤菜大厨。这可能就是学院派厨师跟餐厅主厨们之间的差异吧。"

果然是厨行杂家，懂得多也见得多。出去长见识，正是他给自己充电的方法之一。"去不同省市的酒店、饭店，考察、实习、交流，以及参与各地的餐饮比赛，这些都是长见识的最佳途径。不仅能看到餐饮业的发展，了解一些餐饮的全新潮流，在烹饪技法上也能有一定的提升。"现在的邓伯庚已经是年度全国职业院校技能大赛的专家评委，同时也担任着不少电视台美食栏目的嘉宾。邓伯庚说，不管怎样，厨师都得有一手扎实的基本功。"基本功扎实才能通过观察，搜集许多东西，然后消化、吸收，提升自己。我特别庆幸当初上学的时候，基本功打得相当扎实。"《食全食美》节目组对邓伯庚的评价就是两个字"干净"。每次，邓老师来录节目，不仅画面干净利落，做完菜之后，整个操作台都很干净，这显示出一个厨师相当不错的基本功。

其实，厨行是很有门道的，入厨行到底会选择什么方向，跟人的个性息息相关。"做厨师的人首先一定要认真、专一、细致，达到这个标准才能做厨师。而厨行的不同岗位，又有不同岗位的特点，比如说作为冷菜厨师，应该特别静，做出来的东西既有美感又可食；炒锅厨师，则既要有熟练的技术，同时也要有激情，如果是一个柔弱的、规规矩矩的人在灶台操作，就出不来那种火爆的氛围；做面点的厨师被称为"老面"，让咱们北京人一听就知道这人慢性儿，动作比较舒缓，不紧不慢。归结到我自己这儿，我觉得我比较综合，是'多重人格'。我能静静地坐下来雕刻、拼盘，上炒锅课的时候，我又有脾气火爆的一方面。但是作为教师情绪要稳定，因为面对的学生各式各样，如果自己的情绪不稳定，那还怎么管学生呢？"

一届又一届的学生在邓伯庚的教导下毕业，成为各大星级酒店、餐饮集团争抢的热门人才，邓伯庚说，这是他最有成就感的事。"我觉得一届一届学生的毕业对我而言是一件挺满足的事。就像做好一道菜，品尝的人都吃光，厨师就觉得特高兴。学生毕业，各个单位都抢我的学生，我也觉得挺高兴的。"

相辅相成，相得益彰

如今的邓伯庚虽然已经临近退休的年龄，却丝毫没有减弱他热爱厨艺、学习厨艺的热情。他现在已经不满足于与国内餐饮企业之间的交流，更多的是利用各种机会去国外走走看看，交流学习。2001年，他去美国的一次讲学经历，让他对厨师有了全新的认识。"当时，美国新泽西州的一所大学请我去给他们的烹饪专业讲中餐。课讲完了，学校就安排我在美国各地转转，他们带我去了一家餐厅，那家餐厅给我的印象非常深刻。餐厅的名字我已经记不清了，只记得，我们在餐厅中的座位就面对着厨师的操作台，可以清楚地看到厨师们在制作菜品。当时的氛围特别好，我觉得中餐企业也应该这样去交流，这样去操作，这是能跟国际接轨的。在看那些厨师操作的时候，能感受到他们对自己的菜品那种发自内心的热爱。厨师的素质也就从这些细节中体现出来。"

如今国内不少餐饮企业也开始有这样的明档，但厨师的素质还需要继续提升。作为厨师，邓伯庚说，要爱吃，要善做，不挑剔，不凑合。他自己正是这样的一个人。在吃上并不特别讲究，但如果自己做，就绝对不能将就。"哪怕只是煮一碗方便面，我也要加两只虾，一把青菜，甚至很少直接用料包，要自己调味。这是一个厨师最起码的坚持。"

"那您在家吃爱人做的饭，会挑剔吗？"我好奇地问。"在家我可不敢挑剔，反而在外面吃，经常要提出一些意见和建议。"邓伯庚的夫人跟他是同学，起初与他一起留校，后来改行做了记者，也仍是关注食品科学与营养方面的内容，"我每次回家做饭的时候，得特别注意。我爱人也是一个吃货，还是个要求很高的吃货。她在学校里学的是冷菜。所以，我在家做的菜，她几乎都是第一个品尝者，是负责挑毛病的。"邓夫人的意见对于邓伯庚而言，是一种动力——"为了让她满意，我也得不断提高自己！"

邓伯庚后面的计划有一大堆：包括将自己的本职工作做好，在退休前能让工作更上一层楼，将自己多年的烹饪教学经验集结成书，周游世界交流厨艺……这些计划，还都没有明确的日程，什么时间完成，或者能完成到什么程度，对于邓伯庚而言还都是未知数。但是邓伯庚说，人生本来就是这样，自己想做的每件事不可能都完美无缺，有些事就应该留点缺陷，留点遗憾，才显得有滋有味，如果所有事情都做满了，人生反而没有了味道。

油浸秋葵

主料

黄秋葵200克

配料

水发干红辣椒丝15克

调料

葱、姜丝各5克，蚝油5克，生抽15克，黄酒5克，白糖5克，盐2克，素油20克

制 作 步 骤

① 将黄秋葵去除果蒂，平刀一片两开备用。

② 锅上火烧开水，放一点儿油、盐，将黄秋葵在开水中焯至断生，取出码入盘中。

③ 炒锅上火放少许底油，放入调料，加适量葱姜水，炒出香味，沿黄秋葵四周倒入盘中。

④ 将葱、姜丝和红辣椒丝混拌后，撒在黄秋葵上面，用热油浇，即可。

大 师 私 语

这道菜色泽鲜艳，质地爽脆，清淡适口。秋葵焯水时，水中放少许油和盐，能使焯出的秋葵更加碧绿有光泽。

麻婆豆腐

主料

南豆腐一块

配料

牛肉末25克，青蒜末15克

调料

郫县辣酱15克，豆豉5克，花椒粉10克，葱、姜、蒜末各10克，酱油10克，料酒10克

制 作 步 骤

① 将南豆腐切成拇指丁，放入冷水锅中上火焯透，水中要发少许盐，开锅后稍煮，然后倒入容器中备用。

② 炒锅放底油烧热，下入牛肉末煸去水分，放入郫县辣酱、豆豉煸炒出红油，放入葱、姜、蒜及其他调料，加水烧开后放入豆腐丁，大火烧开，小火慢烧，待汤汁烧至豆腐的一半时，分两次勾芡，撒上花椒粉和青蒜末，装入汤碗（或汤盘）即可。

大 师 私 语

这是一道深受各方人士喜爱的传统菜肴，红油亮芡，麻辣烫嘴，味道浓郁。

大师眼中的我

挺巧的好学生

　　可能是职业习惯使然，我总是不由自主地通过和人的接触去判定这个人是否适合学习厨艺。吴冰给我的印象，是一个挺巧的学生，悟性高，动手能力强，属于在厨艺方面有灵感的好苗子。再加上这么漂亮、伶俐，谦虚好学，如果到厨行发展，应该也有不错的前景。

京城有位豆腐白

白常继

中国烹饪大师，高级烹饪技师，中国药膳名师，《八方食圣》六连冠擂主，BTV《食全食美》厨艺顾问，《味觉江湖》美食节目主持人。现任中国食养研究院高级研究员、南京随园食单研究中心主任。2013年被认定为随园菜制作技艺非物质文化遗产传承人。

　　白常继，姓白，偏偏又特别擅长烹调豆腐菜肴。他能信手拈来的各色豆腐菜肴不下三百道，而他更是在一次电视台节目录制时，露了一手蒙眼切豆腐丝的绝活儿，于是圈里人都称他为"京城豆腐白"。

　　白常继像所有大厨一样，甭管是录节目还是平常聊天，都干脆利落，用北京话说，有股飒楞劲儿。白常继是老北京，骨子里带着老北京的那种独特的幽默感，而且他酷爱读书，脑子里装了无数关于吃食的掌故，既有老北京的，也有江南菜系的。这跟他独特的从艺经历有关。

　　最难得的是，白常继爱写，也善写，他目前出版的美食方面的专著比我多得多。之前他已经出版了《随园菜》《白话随园食单》★，内容均与袁枚以及随园菜有关。

白话学艺

　　白常继与很多他那个年代的人一样，身上有着时代的印记，下过乡、插过队。尽管白常继当时个儿小，一直是班里的小豆子，但依然加入了下乡的大潮，去了顺义高丽营。一年零三个月之后，白常继返城，被分配到了当时的西四小吃店，在这儿一干就是十年。用白常继的话说，这十年，他是懵懂着过来

★ 随园是袁枚当年所住的园子，《随园食单》是袁枚所著的烹饪名作。

的，蒸炸煮烙全干过。"烙烧饼、做豆腐脑、包馄饨、做卤煮、摘肠子……小吃店里的活儿我都干过。当时，领导都觉得我特别踏实。"到了20世纪80年代，改革开放的初期，整个国家百废待兴，餐饮业也充满了各种机遇和挑战。而白常继的人生转折点也因此来临——他被选派去杭州学艺。一年之后，白常继学成归来，北京的奎元馆开张，前两任厨师长都是从杭州聘请的师傅，而第三任就是白常继，那一年他三十八岁。

"俗话说，三十而立。我打从这儿立起来以后，就算比较顺利了。之后一路担任的都是厨师长或者更高的职务，那时候我可再不容许有人管着我，进了厨房，我就是老大。"白常继的这份自信来自他扎实的烹饪功底和技艺。当年跟他一起去杭州学艺的厨师中，唯有他被华天饮食集团聘请去给厨师们当老师，教授杭州菜，这也是对他的厨艺的一种肯定。到了20世纪90年代，餐饮界大发展，需要大量人才，白常继也被请到了五洲大酒店工作。在这里，他曾经服务过很多名人，也积攒了不少名人的签名和合影，我想看看他的这些"珍藏"，他却淡淡一笑说，都是过去的事儿了。

白话豆腐

2000年，对于白常继来说，又是一个全新的起点。他有几个要好的哥们儿合伙在苏州桥开了一家主营豆腐宴的店，白常继从此又成了豆腐宴的主厨。正所谓，干一行爱一行，在白常继身上体现得尤为明显。他虽然没有换行业，但也是做什么就爱什么。既然做了豆腐宴，他就把自己的钻研劲儿都用在了豆腐上。短短的两三年，这家店在京城就叫响了，带有浓厚豆腐文化氛围的豆腐宴，在当时的北京，乃至全国都还是凤毛麟角。"可能当年哥儿几个都还年轻，脑子也快，所以，这系统的豆腐宴一出炉，就名声在外了。"

为了这桌豆腐宴，白常继可是没少下功夫。"我把全国的关于豆腐的书都买遍了，现在我家里的书还堆满了一间屋子呢。看书，去各地跟名师交流学豆腐菜，我把三百多道豆腐菜全部收集到了一起。然后就开始梳理豆腐文化——

做豆腐宴，不能只有豆腐啊，得有豆腐爷爷，豆腐爷爷是谁？黄豆，我们用黄豆做出各种各样的菜肴。还有豆腐爸爸，豆腐爸爸是豆花，什么豆花牛肉、豆花鸡肉……豆花做的菜，我随便数数，弄个十个二十个跟玩儿似的。豆腐可不是一脉单传啊，还有弟弟妹妹，什么南豆腐、北豆腐、内脂豆腐……豆腐儿子又是谁？是豆泡、豆皮、豆腐丝。豆腐孙子则是豆腐渣。豆腐还有朋友呢，那些叫豆腐但其实不是豆腐的食材都是豆腐的朋友，比如玉子豆腐、杏仁豆腐等。这么一来，我们的豆腐宴就丰富起来了。这豆腐家族的食材经过花样百出的烹饪，一桌子的菜肴就显得很震撼了！"豆腐宴虽然成形了，但真正让白常继叫响了"京城豆腐白"这个名号的，还是他上我们台录制节目时，露了一手蒙眼切豆腐丝的绝活儿。

因为脑子活，厨艺又好，白常继算是最早接触电视台美食节目的大厨之一。他最早参加的节目叫《八方食圣》，在里面拿了六连冠。这档节目当时的导演就是后来《食全食美》栏目的制片人倪小康。因着这份机缘，《食全食美》初期就开始跟白常继合作，他应该算是跟每一位主持过《食全食美》节目的主持人都相熟的嘉宾。如今，白常继跟整个节目组还依然保持着很好的私交。

白常继在电视上表演蒙眼切豆腐丝绝活儿的那档节目刚好是我主持的。那是一档春节特别节目，请了白常继来做嘉宾，他自己提出来可以表演蒙眼切豆腐丝，还强调说，这绝活儿在北京他是独一份儿。电视台当然最爱这种有噱头的表演。我是在节目录制完成后很久才听他说，为了成功表演这手绝活儿，他整整苦练了大半个月。"这手绝活儿，我是在扬州学的。扬州的干丝，就非常考究刀功。想当年，我上《八方食圣》就曾凭借一道三丝豆腐拿过冠军。至于蒙眼切，之前肯定是没试过，但只要是我认准了的事儿，我就得把它做到极致。"

要练这手绝活儿，白常继又不肯占单位的便宜，于是每天自己买了一堆豆腐带到单位。晚上下班，作为厨师长的他，安排所有员工收拾利落离开之后，才开始自己的练习。用白常继的话说，那阵子他已经练得找到了武林高手的感觉。"最初是给蒙眼的布留条缝儿，睁着眼切，等练到最后索性闭着眼切。那阵子，哪怕是蒙着眼睛我仍然能行动自如，一摸切菜的墩子，脑海中立刻就有了感觉，下刀也准，停在什么位置就跟看着的时候没两样。"最后，白常继在电视上表演的，不仅仅是蒙眼切豆腐丝，而且将肉丝、胡萝卜丝也一起蒙眼切了。那期节目的收视率真心不赖，而他"京城豆腐白"的名号更是从此叫响，也小有名气了。

白常继说，之所以大家认可他，圈里人也都乐意跟他合作，主要是因为他脾气好，人如豆腐。"因为豆腐这东西随和，可丝、可片、可丁，也可以大块做。磨碎了，再蒸又是一块儿。调味也是，咸的、甜的、苦的、辣的都能跟豆腐调在一起。我觉得可能我这豆腐菜做惯了，人也随和了，我跟任何人都能聊在一起。"

白常继除了在做菜上琢磨，他还热爱饮食文化，在这上面的琢磨劲儿更是让人钦佩。2008年奥运会前夕，他搞了个"百零八皇城御景宴"，把鸟巢、水立方都搬上了餐桌。于是，8月8日当天，他成了各大电视台最熟悉的面孔。2016年，是清代诗人、诗论家、美食家袁枚诞辰三百周年，挖掘整理随园菜菜谱，又成了白常继的重中之重。他说，尽管他退休了，但是却有了更多的时间来做自己喜欢的事情。问及他与随园菜的渊源，白常继说，那又得从头说起——

原来，早在20世纪80年代，白常继参与过由一些厨行老先生组织的协会，主要工作就是挖掘和整理老菜菜谱。而随园菜正是当时的重点。白常继说，北京这几位老先生当时的成果并不明显，反而是南京当地的厨师凭借着天时地利之便，取得了一定的成果。到了2000年后，随园菜的挖掘和整理工作仍在继续，当时三十九位名厨研究了整整一年的时间，终于将袁枚所著的《随园食单》分系列整理了出来，共涉及三百二十六道菜肴，白常继负责整理撰写了其中两单的内容。

因为学的本就是杭州菜，再加上一直参与随园菜的整理工作，白常继对于袁枚、随园菜的了解和见地都非同一般。于是白常继接受了《中国烹饪》杂志的邀请，在杂志上开设了聊随园菜的专栏《随园那些菜》，这专栏一写就是两年。然而光说不练可不是白常继的性格，从去年开始，他到处找机会将随园菜搬上餐桌。"退休之后，我更忙了！北京的顺福来、长安会所，都乐意让我做随园菜，有时候还去南京做！我还在微信平台上开了一个专栏写随园菜，写了大概十来篇的时候，就被今日头条看中买下了版权。"跟白常继聊袁枚、聊随园的来历，他能从袁枚的出生开始讲起，一直讲到他如何做官，再讲到他在此园中的美食菜单，再到园子如何被毁，现在旧址又如何如何……滔滔不绝，白常继对随园菜的热爱可见一斑。

可惜的是，当年盛极一时的随园如今全部消失不见，只余下一个地名：随家仓，是原先袁枚先生的藏书之所。"可喜可贺的是，如今在随家仓有着南京最著名的一家书店——先锋书店。袁枚先生如果在天有灵，看到自己当年的藏书阁今日也能与书有关，相信能感受到一点儿欣慰。"这是白常继的感叹。

而他其实也正着手准备另一件让袁枚先生感到欣慰的事情，就是努力恢复随园菜。白常继说，退休不是生活的结束，而是人生的第二春。这第二春，于他而言，还有很多事情要做，还有很多未知的美好等待着他，比如，将《随园食单》上那三百多道美味全数搬上餐桌……

鳜鱼豆腐狮子头（团团圆圆）

主料

鳜鱼100克，北豆腐200克

配料

马蹄15克，小菜心2个

调料

葱、姜末各5克，盐5克，鸡精2克，胡椒粉2克，料酒5克，1个鸡蛋的蛋清，淀粉15克

制作步骤

① 将鳜鱼去骨去皮，鱼肉切成小粒，鱼头、鱼骨煮成鱼汤备用，马蹄切小粒。

② 豆腐切小粒，用开水加少盐烫后沥干水分。

③ 鳜鱼肉加入盐、胡椒粉、料酒、淀粉、蛋清、马蹄粒和葱、姜末，放入豆腐搅拌均匀使之上劲。

④ 锅上火倒入清水，不要水沸，将打好的鱼肉豆腐馅逐个制成丸子，放入锅中定型，捞出放入盅内，鱼汤调味倒入，上笼隔水炖1小时左右，上桌前放入小青菜、枸杞即可。

大师私语

狮子头是最普通也最著名的淮扬菜，豆腐的加入令其鲜嫩可口，营养丰富，同时还缩短了烹饪的时间。

翡翠银丝羹
（一清二白）

主料
内脂豆腐1盒

配料
藤三七50克

调料
盐5克，水淀粉70克，鸡汤800克

制作步骤

① 将内脂豆腐切成细丝，放入水中，藤三七切细丝。

② 鸡汤烧开后倒入豆腐丝，煮开后加盐调味，加入藤三七细丝，用水淀粉勾芡即可出锅。

大师私语

刀功精细，汤味鲜美，嫩滑爽口，营养丰富。

大 师 眼 中 的 我

她是我的偶像，我是她的粉丝

现在不都流行给偶像的粉丝群起个名字吗？吴冰的粉丝，是不是该叫"冰块"？我就是地道的"冰块"。吴冰很勤奋，人又特别随和，跟她相处零压力，在一起就自然而然地成了好朋友。我教她做这两道豆腐菜，我俩都忙，约个时间不容易。当天，她从三河拍完电影《北极星》，驱车近两个小时，跑来跟我学菜，就冲这好学的精神，我也得好好教啊！我最看重的就是她这种精神、踏实、好学、肯干。明明可以靠颜值吃饭，偏偏还那么努力。

菜里菜外，皆是心意

现任南京香格里拉大酒店中餐行政总厨。2009年获得全国烹饪大赛金奖，2011年获得世界厨王台北争霸赛团体赛冠军。同年，被中国烹饪协会授予"中国烹饪大师"称号。

侯新庆

　　侯新庆很帅，尤其是做扬州炒饭的时候，将蛋液一丝一丝淋下来，那股子帅气劲儿就别提了！作为毕业于扬州大学烹饪专业的淮扬菜大师，侯新庆对于淮扬菜有着自己特有的执着：他爱这个菜系，因此他特别舍得花时间去烹制一盘地道的淮扬菜；他爱这个菜系，因此他用自己的全部灵感和智慧给这个菜系带来新鲜的创意；他爱这个菜系，将来有一天，他想有个小小的工作室，只为了让所有爱淮扬菜的人能一起交流和学习……

功夫在菜里

　　说起著名菜系，淮扬菜当属我的最爱之一，食材鲜美，菜式口感清淡，往往让人欲罢不能。而且，淮扬菜是功夫菜，做淮扬菜的师傅手底下都是有功夫的。我现在在家炒饭时，还时常会模仿侯新庆做扬州炒饭时的手法。别看是一碗小小的炒饭，侯新庆做的时候，你会发现，里面蕴含着好多学问：哪种食材先放，哪种后放；每种食材的配比应该是怎样的；火候如何掌握……侯新庆做起来游刃有余，一丝不乱。很多人都说，中餐最常说的就是适量、少许，太难衡量，但看侯新庆做饭，会觉得这些词都在他心中、脑中，他每每出手，都能精准掌握。他说，这就是中餐传统的师父带徒弟，一代传一代的根本所在。

　　这些年来，对侯新庆而言最得意的一件事，莫过于在粤菜一直在五星酒店中一统天下的局面里，为淮扬菜赢得了一席之地。毫不夸张地说，侯新庆到哪家酒店任职，淮扬菜就能成为该酒店的亮点。在香格里拉中山店如此，在香格里拉北京中国大饭店如此，到了香格里拉南京店也是如此……在这些经历中，最令侯新庆记忆深刻的是到北京中国大饭店的头一个月。

"我是2008年4月21日进的中国大饭店，当时是从中山店直接空降过去的。没带人，没有任何基础，中国大饭店开业这么多年，中餐厅从来也没经营过淮扬菜，一直都是粤菜。在四大菜系里，粤菜的售价是最高的，因为粤菜中有很多珍贵的食材。而淮扬菜不同，淮扬菜考究的是厨师的功夫，是功夫菜。"从入职中国大饭店，到5月下旬餐厅菜单上正式推出淮扬菜这一个多月的时间里，侯新庆只做了一件事——试菜。冷菜、热菜、点心全部是他一个人来做。为保证菜品地道、正宗，炒一道河虾仁，虾仁都是他亲手一只只剥出来的。工作辛苦，身边也没有能帮衬的兄弟，心里也是苦的。"工作上的辛苦还能忍，但心里郁闷啊！没人帮你，一个人从早干到晚，人家都下班了我还在干；早上人家没上班呢，我就到厨房里上班了。上班的时候我一个人，到下班我还是一个人，那种郁闷是说不出来的，但我心里憋着一股劲儿，告诉自己既来之则安之，必须要坚持下来。"

就这么扛了一个月，也试了一个月，侯新庆的淮扬菜单终于出炉了，他从中山店调来的帮手也开始就位。慢慢地，中国大饭店的中餐厅开始排队，淮扬菜的点菜率占据了整个大菜牌的30%。侯新庆和他的团队依然辛苦，但此时的辛苦却夹杂着骄傲和欣慰。

"淮扬菜是文化菜，切个豆腐丝要求也不一般，没几年功力都切不出来。但是现在很多厨师都怕麻烦，不爱做这样的菜。这么一道费劲儿的菜，用的原料其实很便宜，全靠厨师的功力，这人工的费用不起眼儿，不像鲍鱼、鱼翅，一看就知道那东西贵着呢！淮扬菜吃的是一种文化，一种享受。"

侯新庆也迷茫过，想着是否应该学习一些融合菜的摆盘技巧，提升一下淮扬菜的卖相。但尝试了几次之后，他发现这样不对！"我发现，淮扬菜其实很讲究，讲究食材的处理、搭配，讲究烹饪的火候技巧，这些是淮扬菜的精髓，是我应该去研究、去努力做好的。当然摆盘也要漂亮，毕竟大家都希望吃到赏心悦目的菜肴，但盲目追求摆盘好看，而忽略味道，就有点本末倒置。于是我回归最初的想法，继续钻研如何让我的菜更有滋味。"

灵感在菜外

　　侯新庆现在选择回到南京的香格里拉任职。他说，这里离家更近些，他施展的空间也能更大一些。"江南灶"是侯新庆现在主理的淮扬菜餐厅，一家在天天中午排队、晚上排队的五星酒店里，却不收服务费的餐厅。侯新庆说："当时想着南京离扬州那么近，这也算回家啦！到了南京才发现，其实，南京人的口味跟扬州差得挺远的，比较偏向安徽菜，更咸一点儿、辣一点儿。所以，在筹备餐厅的时候，我就有点踌躇，要让南京人喜欢，要入乡随俗，但我又不想从众。刚好，这时跟一个50多岁的南京阿姨聊天，她就跟我讲，她喜欢淮扬菜，所以经常特地跑去扬州吃。我当时就觉得豁然开朗，是啊，这是南京，想吃南京的菜式有很多选择，但地道的淮扬菜可能是独此一家，这就坚定了我做好淮扬菜的信心和决心。"就这样，江南灶开业了，价格不贵，人均150元左右，但是，侯新庆告诉我，节假日时，他们的餐厅每天的营业额能达到10万元，也就是说每天要接待四五百人。甚至还有北京、广东的顾客打"飞的"来南京，吃完午饭就回去了，就为吃上这口正宗的淮扬菜。

　　时代在变迁，菜系的发展、改良和创新一直是厨师们甚至食客们都在关注的热点。我也跟侯新庆聊起了淮扬菜的传承和发展。"改良、创新对于传统菜系而言，是一定要有的。在我的理念中，无论如何改良、创新，味道是根本。"对于淮扬菜，侯新庆的改良和创新从未停止。比如，最传统的淮扬菜狮子头，侯新庆就做了相应的调整。"狮子头其实是道用料简单的菜，但我们现在买到的饲养猪肉，没有以前的猪肉口感好，不能说为了追求味道，就一定要买有机、生态猪肉，因为这样就意味着成本会大大提高，一道狮子头卖得跟龙虾、鲍鱼似的，食客肯定觉得不值，那要怎么改？"侯新庆的处理方法是，将猪肉切好后在水中浸泡一下，把血水泡掉，这样做能保留猪肉的香味，还能去掉一些杂质。以前做狮子头用骨汤，而现在侯新庆改用鸡汤，口感清淡了许多，非常适合现代人的口味。"这叫作改良，要保留原有的传统味道，然后再去想如何调整才能更适应现代人的口味。如果我在里面搭配上酸辣汤，那就不叫狮子头了。"

侯新庆是地道的扬州人，所以，对于扬州当地那些历史悠久又独具特色的文化，他颇为着迷。在扬州的传统文化中，"早上皮包水，晚上水包皮"几乎家喻户晓，而这个习俗，也成了侯新庆的一道创新菜。精致的高脚汤碗，盛着清香扑鼻的汤水，汤水中静静躺着一枚精致小巧的汤包。夹起来咬一口，浓郁的汤汁流入口中，此汤不同于碗中的清汤，带着浓郁的肉香，以及一点点松茸的浓香。"这个菜算是创新的淮扬菜，我用了松茸，这是食材的创新，同时，也是一种文化的创新。"这类创新侯新庆还做了很多，比如他自制的年糕、糖醋黄鱼……

创新灵感的来源，侯新庆说主要就是靠见识多广。看得多了，自然而然想法也就多了。有了想法，就要大胆尝试，不见得都能成功，但一旦成功，多数会有不错的反响。

心意在菜中

在侯新庆的记忆里，最美好的味道是奶奶烧的菜。然而，他却没能跟奶奶学到很多烧菜的技巧，他现在传承的一道拿手菜——红烧肉，来自他的叔叔。"说老实话，我现在做的红烧肉是从我叔叔那得到的启发。我叔叔在上海，小时候每次他回家，我奶奶和我妈妈总会留下一道菜等叔叔回来做，那就是红烧肉。我在北京工作时，菜牌上想加一道红烧肉，我就特意去了趟上海，去我叔叔家，看他是怎么烧肉的。我发现，最重要的是选料的不同。我叔叔买的五花肉特别厚，我一想，知道了，这是带排骨的五花肉。后来我在餐厅推出的红烧肉就特别受欢迎。"

说到菜，说到餐厅，侯新庆总有很多想法和创意，而谈到自己的未来，他也有一个小小的规划，那就是开一间工作室。在这里他可以跟一些或业余或专业的厨师交流、分享淮扬菜的真谛。"很多厨师到了一定年龄就觉得自己是大师了，可以传道授业了。但我总觉得，我们就是师傅，不是老师。厨师最重要的是把菜做好，这是我们的责任。让客人喜欢我们的菜，一传十，十传百，这才是一个厨师的成功之处。"

扬州什锦炒饭

主料

东北大米200克，冬菇10克，火腿10克，虾仁20克，冬笋20克，熟鸡肉粒20克，熟瘦肉粒30克，海参粒30克

配料

草鸡蛋4个，米葱30克

调料

鸡粉5克，生抽8克

制 作 步 骤

① 将所有的料头切粒、飞水，待用。

② 将新鲜草鸡蛋打散，锅里放冷油稍多一些，将蛋液慢慢倒入，边倒边搅，同时油温慢慢升高，至蛋液成丝状，关火，继续炒透倒出控油。再将所有配料倒入锅，炒香，加入蛋丝炒透，倒出，用勺子压去多余的油，锅里面放入蒸熟的白米饭煸炒，加入挤去油的配料继续炒制，放入调料及米葱碎炒香即可。

大 师 私 语

必须要用新鲜草鸡蛋、东北大米，米粒炒出锅气*，葱香浓郁，丝丝金黄，粒粒弹牙。

★ 锅气，广东人称其为镬气，通俗地讲，就是在烹饪过程中用猛火，让原料能够比较快速地利用热气将香味散发出来，突出菜品的本味及口感。

扬州大煮干丝

主料
豆腐干4块

配料
冬笋30克，蛋皮30克，河虾仁100克，木耳15克，熟火腿20克，骨头汤1000克，菜心300克

调料
盐15克，鸡粉10克，熟猪油40克

制 作 步 骤

① 豆腐干切丝，泡入淡碱水里，至软捞出，冲去碱味。

② 冬笋、蛋皮、木耳、火腿均切丝。

③ 骨头汤下锅，放飞好水的豆腐干丝，加入所有配料及调料，煮至干丝软嫩收汁即可，放上熟菜心。

大 师 私 语

　　传统淮扬菜，刀功处理要到位，煮制时间不能短，火候宜大不宜小，汤汁收浓，干丝入味即可。

大师眼中的我

厨房里的一道风景

　　吴冰对厨艺、对美食有着一份热爱。所以，她说想来学菜，我就点头答应了。学菜当天，我到厨房的时候，吴冰已经来了，还换了一身厨师的工服，很好看，是厨房里的一道风景。

好吃的菜里有厨师的爱

李凤新

国家名厨，中国药膳大师，中国烹饪大师，国际烹饪大师，餐饮业国家级评委，国家级药膳评委，中国民促会饮食文化委员会常务理事，国际饮食养生研究会理事，现任北京京门老爆三餐饮管理有限公司董事长。

　　李凤新是老北京，所以对于老北京的一草一木都有着深厚的感情，包括老北京那些好吃的。他进入厨行实属偶然，先学的是川菜，后来机缘巧合借调到全聚德学习烤鸭，同时入了鲁菜的门儿，再然后，他要做点儿自己的事，于是把老北京的几百年的好玩意儿——涮肉、爆肚、炙子烤肉集于一店，成立了北京京门老爆三餐饮管理有限公司。他说，如果不能把爱融入自己做的菜，那就不配说自己是个好厨师。

爱较真儿

　　跟李凤新合作录制过多少次《食全食美》节目，我记不清了，我猜他也记不清了。录制的间隙我喜欢跟他聊天，他是老北京，最爱聊两件事，这两件事都是他的真爱：其一是厨艺，其二就是老北京的老玩意儿。李凤新聊起这两件事时，语速就会变得很快，很兴奋。

　　李凤新很较真儿，尤其是在做菜这件事上。跟他合作录制《食全食美》节目，通常都是一次录两到三期，一般是八到十个菜。由相关的工作人员先跟他沟通，由他建议菜品，双方商量后最终确定。我第一次跟他合作录制，到了拍摄现场，发现当时已经是名厨，也收了不少徒弟的他，只身一人前来，没让徒弟跟着打下手，还带着一个不小的纸袋子，里面装着的竟然是他常用的刀和炒勺。第一次，因为不太熟，我没好意思问。后来，每次他都带着个纸袋子，我实在是忍不住，就问他："李老师，干吗还自己带锅带刀啊，摄制组都准备了。"李凤新笑了，他笑起来的时候眼睛自然而然地眯起来，很和善的样子。他慢条斯理地回答："我来电视台帮你们做节目，就想着能一起把节目做好，也能有个好收视率嘛。你们准备的东西，不是不能用，但用着生，不顺手。"

再后来，我才发现，李凤新的纸袋子装的何止是锅和刀，就连当天录制的所有菜品的原材料，他也都是自己带来，从来不用节目组准备。我又问他，每次要录这么多菜，带着这么多东西多不方便啊！李凤新听完，又露出了招牌式的憨厚笑容，回答："一点儿都不麻烦啊。每次就是一个纸袋子，就拎过来了。因为节目组录制的菜品都是小分量的，我自己带食材到摄制组直接加工，加工完了就直接做了，节目组提供的原材料都是从市场随便买的，不标准。""不标准"到底是个什么概念？他说，随便从菜市场买回来的原料，跟他在餐馆里精选使用的原料，差异很大。"比如菜市场的羊肉会膻，而我店里用的羊肉比较特殊，是特供的羊，去除了膻气味，还有口感、嫩度，都完全不一样。这些都可能会影响菜品最终的口感。"

电视台录制节目，呈现给观众的是镜头里的菜，隔着电视的屏幕，观众们既闻不到菜品的香味，也尝不到菜品的口感，但是李凤新却仍然较真儿，哪怕原料全都自己带来也不肯将就。"观众是闻不到尝不到，但我自己心里明白啊！我教的菜就得这样，干餐饮这么多年了，我爱这个行业，不能凑合！我在店里的出品是什么样的，我在这儿的出品也得保证一模一样。"

爱打卦

李凤新跟其他的大厨不大一样，他虽然也善谈，但平时却真不多话，用他自己的话说，他很"宅"，不爱热闹，没事的时候，更喜欢自己在家待着，琢磨。琢磨，老北京话叫"打卦"，就是在脑子里反复思考的过程，而李凤新就通过打卦想明白了很多厨行的道理，也给厨行带来了不少

"新鲜事"。

对于年轻的李凤新而言，厨师并不是陌生的行业，因为他妈妈就是当时铁路食堂的厨师，而他更是从小喜欢做饭，从上小学就开始给家里人做饭，从简单的炸花生米，到复杂的炸小油饼……但真说进入厨行成为厨师则的的确确是个偶然。他参加工作，被酒店分配到了厨房。一入行，李凤新是跟着北京贵宾楼的师傅学川菜。机缘巧合，李凤新工作的酒店要跟全聚德合作，而他也因为工作表现优异，被酒店选送到了全聚德学烤鸭。这一去就在全聚德待了整整十一个月，勤奋好学的李凤新在这十一个月中，不仅将烤鸭的宰、烫、褪、开、挂、烤、片的一整套程序全部学会，还在学习的间隙逐渐接触全聚德的鲁菜师傅，慢慢对鲁菜产生了浓厚的兴趣。"那会儿学川菜的时间也就两年多，而在全聚德学烤鸭的过程当中，我没事就去看鲁菜师傅炒菜，因为内心里还是更喜欢炒菜，慢慢地，我发现鲁菜的根基比较深，于是就边学烤鸭，边帮炒菜师傅切菜打下手，同时也跟着人家学做菜。我从川菜转到烤鸭，整整八年的时间一直做烤鸭，但从来都是不间断地学炒菜，没事就练练刀功，练练大翻勺……"从川菜入行的李凤新可能自己也没想到，他最初学的是川菜，后来却因为精湛的鲁菜技艺，而成为全聚德的主厨。

作为主厨就要把控整个店铺菜品的出品以及创新。提及创新，李凤新颇有心得，因为他的琢磨劲儿在创新这件事上绝对是件"利器"。李凤新说，如果要创新，那就一定要先熟练掌握烹饪技法，没有烹饪技法的支持，创新就无从谈起。"创新是什么？有原料的创新、口味的创新、容器的创新，最难的是技法的创新。现在原料的创新有很多，口味的创新也有很多，但谁还能或者敢说，自己能创新出一种全新的烹饪技法来？烹饪技法都是经过很多年，多少代厨师不断改良传承至今的。"

李凤新讲起了他当年琢磨着创新宫保鸡丁的故事。作为川菜的传统菜，宫保鸡丁很多餐厅都做，但一份普通的宫保鸡丁价格基本上是透明的，怎么才能让宫保鸡丁变得更有经济价值？说白了也就是如何让一份原本卖18元的宫保鸡丁能卖到38元、48元？"需要做到的是口味不变、烹调技法不变，原材料变、容器变。有了这个思路，到底要怎么变才能保证宫保鸡丁的传统口味？那么可以变的就是辅料。以前都放葱段，我把葱段舍去或者少放，把杏鲍菇切丁煨过炸好，跟鸡腿肉一起来做宫保鸡丁。宫保的技法不变，但盛菜的容器我改成韩式的铁板烧，这样的好处是能保持菜品的温度，让它上桌时一直都能维持在最佳的温度、最佳的香气。通过这样的改良，宫保鸡丁变成了宫保鲍菇鸡，价格自然可以相应提升。所以，烹饪技法以及菜品的口味，这些是创新的根本。"

包括后来做自己的品牌京门老爆三，李凤新也一直是在不断创新——他经营的涮肉，四季的汤底和蘸料都与传统方式不同。到了夏季会添加凉性的食材，而冬季则会添加温补开胃的食材，老北京的炙子烤肉在他手中也变得更润泽、更美味……这些创新的主意都是他凭借经验、智慧和娴熟的烹饪技法打卦出来的。

但他却说，其实，每一天都只炒同一道菜才是最难的！正是因为每天炒，技巧娴熟，甚至闭着眼睛都能炒，所以反而最难。"举个例子说，一个厨师在餐厅里负责炒鱼香肉丝，这也许是他最拿手的一道菜，但是每天炒20份、30份，甚至50份时，这个厨师对待这道菜的态度还一样吗？是按照固定模式炒好就行，还是把自己的爱倾注其中，不断去提升这道鱼香肉丝的品质？一个好的厨师不见得要不断变化自己做的菜，但一定要真的把爱放进自己炒的菜里，想着不断把一道菜炒得更好，不断去提升这道菜的每个细节，升华它，我觉得这样的厨师，才能称之为大师。我从来不称自己为厨师，更不能叫大师，我就是个厨子。"

爱老范儿 ★

作为老北京，对于老北京的玩意儿有着深深的爱意，李凤新在离开全聚德之后，开始自己创业，经营起了地道的老北京味儿！"现在不少店都说是

★　范儿，北京方言"派头"的意思，"老范儿"指的是复古的，带有年代感的派头。

老北京风味，但一翻菜单就能发现，有川菜，有湘菜，真正老北京的菜却没有几道。北京菜的文化底蕴是非常深厚的，涮肉、炙子烤肉、爆肚……都有几百年的历史了。但这都是老百姓的吃食，所以，不高端，不洋气，很多厨师不爱做，也做不好。我实在是爱这些'京味儿'，这才决定将其整理、改良、经营。"

说起来容易，真正经营起来非常困难。老北京的美食经过几百年的积淀，尽管留下来很多好东西，但是不少传统的东西也正在慢慢流失。就拿最简单的老北京涮肉来说，食客们还能分得清烫涮、捞涮和煮涮吗？这些规矩别说食客，恐怕不少厨师也都搞不清楚了！对于这件事，李凤新也是有点儿无奈！

"很多食材都能涮，但不同的食材要用不同的涮法。以冻卷为例，很多人吃涮羊肉，直接一盘子冻羊肉往火锅里一倒，变色了捞出来就吃，这样不对，冻卷比较凉，必须要有一个'缓'的过程，怎么缓？只有夹到筷子上面，下锅第一次马上捞起来让它缓，然后第二次下锅，比第一次时间略长，然后第三次再下去涮熟，通过三次缓，涮出来的肉才最绵软、最香，口感是最好的。才不会像很多人涮肉一样，总说锅不开，因为一盘子冻肉倒下去，锅里的水马上从滚水变温水了，自然谈不上涮了！"李凤新说，他正在自己的店里慢慢恢复着这些老规矩。

"很多人都说，越传统的食物越难做。我却觉得不是难不难的问题，只要你爱这个菜，做菜先讲究爱。爱代表的意思是，你对菜的爱就是对客人的爱，你把爱全都给了菜，你的菜就会给食客带来最好的体验，我觉得做菜得把爱放在第一位。"带着爱把美味传承下去，这就是李凤新目前正在努力去做的事情。他说，如果让大家去回忆下，到底谁做的菜最好吃，可能绝大多数人都会说是自己的老妈。李凤新说，这就是"追忆菜"，他教徒弟时讲，"追忆，就是你小时候吃的东西，回忆你儿时的那一抹味。你小时候家里有那么多种调料吗？肯定没有，所以，做菜时不能把调味品加过量，加得太多就掩盖了食材的本味，而好吃的菜是一定要吃到本味的，食材真正的本味。"

除了传承老北京的饮食文化，李凤新还坚持传承师徒之间的情谊。他目前经营的所有店铺都是由他的徒弟来负责打理的。他说，这是由他自己的师父那儿传下来的，他也要这样传承下去……师父、徒弟、徒弟的徒弟，每个人都仿佛在一个大家庭里，而这个大家庭建立了良好的平台，供每个人去学习、发展。这件事说起来在目前的大环境里也是有着一定难度的，外面的诱惑那么多，李凤新是如何让徒弟们都能心甘情愿、踏踏实实地跟着他做事的？李凤新又露出了一贯的憨厚笑容："我对徒弟可好了！"

的确，李凤新这个师父，从来不藏私，总是把自己最好的东西都教给徒弟，让徒弟学菜时都能有收获。同时，他会帮徒弟们确立目标，让他们能在餐饮这个大圈子里找到自己想做的事，找到自己的位置。"我觉得经营这件事，跟做人做菜是一个道理：不能太贪。作为经营者，如果你能先让你的员工，让你的厨师挣到钱，你也就挣钱了。"不贪，这是人生的大智慧，李凤新说，他现在最大的收获就是，有一帮好徒弟，逢年过节也好，生日喜庆也罢，都惦记着他，经常打电话来说，师父，想跟您聊聊天儿。这样就挺好！

干烧鳜鱼

主料
鲜鳜鱼一尾约750克，猪肥肉20克，冬笋15克

配料
葱、姜丁各8克，蒜丁8克，鲜青蒜叶15克，雪里蕻15克，红干辣椒15克，熟猪大油100克，清汤250克

调料
盐4克，味精4克，白糖30克，绍酒20克，酱油30克，香油4克

制作步骤

① 鳜鱼去净腮，除去内脏，清洗干净。在鱼的两面以0.6厘米的刀距剞上柳叶花刀（深至刺骨）抹匀酱油。

② 猪肥肉、冬笋、雪里蕻、干辣椒均改成0.6厘米见方的丁。

③ 勺内放猪大油烧至九成热，鳜鱼下入炸至五成熟，呈枣红色时捞出控净油。

④ 另起油锅烧热，先下肥肉丁煸炒均匀出香味，再放入干辣椒丁、冬笋丁、雪里蕻和葱、姜、蒜丁煸香，烹入绍酒、酱油、白糖、盐、清汤烧沸。放入鱼，用微火煨熁，至汁浓稠时将鱼捞出放盘内，勺内余汁加入香油、味精收浓搅匀浇鱼上，最后在鱼身上撒青蒜叶丁即可。

大师私语

鳜鱼又名花鲫鱼，古来就有"西塞山前白鹭飞，桃花流水鳜鱼肥"的赞美之词。干熁的技法制作的鳜鱼味最清腴，成品鲜嫩略甜辣，为食之上品。鳜鱼在烹制时，应采用微火慢熁，令滋味充分渗透到原料内，火力过旺，极易使原料焦煳，影响口味。

锅塌山药

主料

山药300克

配料

面粉10克，色拉油250克（约

耗75克），葱姜丝适量，清汤50克

调料

精盐3克，料酒5克，味精2克，鸡蛋黄2个，湿淀粉5克

制 作 步 骤

① 山药去掉外皮洗净，切长5厘米、宽3厘米、厚0.8厘米的厚片。放入盘中加精盐1克、料酒、味精搅拌均匀稍腌。

② 鸡蛋黄、湿淀粉、面粉、料酒、精盐、味精，兑成清汁待用。

③ 炒锅上火烧热，加入凉油，离火再将山药蘸上面粉，放入蛋黄糊里抓匀，分别放入锅中。炒锅上中火加热，将山药煎至金黄时，把油滗出，大翻勺，继续加油煎至两面金黄色时，把油滗出，再放入葱、姜丝，倒入兑汁，盖上盖，用微火焖至汁将尽装盘即可。

大 师 私 语

  "锅塌"技法为济南厨师所首创。早在明代就有记载，济南地区厨师喜用平底炒勺烧菜，擅煎炸技法。"塌"即先煎后燀，将滋味收入菜品之中的一种特殊技法，制品的特色是：色黄、质嫩，味美醇厚。煎制时不要太急，要用小火煎制。大翻勺时，一定将油滗出，否则易溅出烫伤人。

主持人中的"舞蹈家"

　　看国标舞的时候，一对儿舞蹈演员跳得好不好，取决于那个领舞的人，如果这个人带得好，哪怕搭档差一点儿，也能表现出色。吴冰在主持节目时，就能起到领舞者的作用。如果遇到内向的、不爱说话的嘉宾，她能引导着对方，顺利将节目完成。这当然是基于她对美食的热爱和理解，挺难能可贵的。

从干炸丸子开始的厨艺新生

赵光有

2008年进入健壹集团担任行政总厨至今。师承御膳传人王希富先生，一直"秉承师训先学善孝仁爱，安身立命必要德艺双馨"，传承了我国餐饮业优秀的宫廷菜一脉。

　　健壹集团的总厨赵光有是个特别的人。跟他的同事私下聊天，他们说，他是健壹集团的一个宝；有幸跟他一起试厨师的新菜，发现他严格如大学里的"名捕"老师；等到跟他聊天，才发现，他真如自己所说，是个简单的人，对于他不感兴趣的话题，他才不肯浪费时间，绝对"言简意赅"。不过，找到他的兴奋点似乎也不难，就从一份干炸丸子开始……

一副眼镜引发的选择

　　赵光有是如何进入厨师行当的？其实是有故事的。这要从1993年他在县城碰到的一位戴眼镜的大学生讲起。"上高中的时候，我自己蛮淘气的，不太乐意好好读书。有一次去县里玩，看到一个戴眼镜的人在烧锅炉。当时很纳闷，那个年代，戴眼镜的人可不多，总觉得能戴眼镜那得是特别有学问的人。我就走过去问他，你怎么烧锅炉啊？结果，他说他是正牌大学毕业生，可毕业以后因为家里的社会关系不好，找不到好工作，只能来烧锅炉。当时我就想，读书也没什么意义啊，人家这么有学问，上了大学，还不是来烧锅炉。那时的我正值叛逆期，就跟家里说，不想继续读书了，刚好村里有朋友要去学厨师，就跟他一起来到了西安。"

　　其实一个想法的萌发就可能改变一个人的命运。由于学厨师要到西安，需要的不仅是学费，还有住宿费、餐费等一系列的费用，当父亲艰难地满世界给赵光有筹措学费时，赵光有忽然感觉自己长大了。从那一刻开始，他收敛了高中时的顽皮和叛逆，暗暗下定决心，要刻苦学习厨艺。

非常幸运，决定要刻苦学习的赵光有在西安的厨艺学院遇到了他厨艺生涯中的第一个贵人，一位姓李的老师。这位老师在陕西当地非常有名，后来还成为学院的教导主任。在这位老师的教导下，赵光有第一次对烹饪有了系统的认识，还学到了刻苦、自律、谦和等对他今后的人生均颇有意义的做人做事的道理。

到了厨艺学校之后，第一节课就是这位李老师来讲的。李老师说，他本人文化程度不高，掌握的知识技能很多都是进入社会以后自学而来。他的第一课没有讲任何烹饪的技法，而是讲起了历史，介绍了中国五千年源远流长的饮食文化长河中那些有趣的、好吃的、特别的菜式……而后他讲到了化学。赵光有迄今为止仍然记得李老师当时举的煮鸡蛋的例子："为什么鸡蛋煮完以后蛋黄会发绿？这属于化学反应，鸡蛋中丰富的铁元素和硫元素，加热太久后一起形成了硫化铁，才会呈现绿色……"然后是关于解剖学，鱼、猪、牛、羊的分档这都属于解剖学范畴……这节课打开了赵光有的视野，也引发了他对厨艺的兴趣，让他第一次感觉做一名厨师绝对不仅仅是炒菜而已，也许就是从这一刻开始，赵光有才真正下定决心，要成为一位顶级的大厨。

从那以后，赵光有学习更加刻苦——每天早晨5点就起床，看各种各样的书，汲取老师没能给予的知识；拼命练基本功，刀功、颠勺……当时学校里有本教材叫《烹调技术》，他读得熟烂于心。这般刻苦自然也换来了不错的成果，从厨艺学校毕业之后，他来到北京，有了不错的工作。工作之后，赵光有更感谢李老师，因为他从李老师身上不仅学到了理论知识，更学到了自学的方法，这让他在工作上经历了短暂的迷茫期之后，迅速上手，后来成为鼎鼎大名的健壹集团行政总厨。而就在此时，他遇到了厨艺生涯中的第二位贵人，一位新的师父，他的厨艺新生从此展开……

赵光有到了健壹之后，当时健壹的定位是公馆菜。我问他，何谓公馆菜？赵光有说："公馆是个家，家的概念是什么？来家里拜访的不是亲戚，就是朋友，自然需要拿出自家平时最爱吃的拿手菜来招待。于是，确立了健壹菜品的两个标准：其一是一定要是自己喜欢吃的菜，其二就是要健康。"当时，并没有局限于偏重哪个菜系，直到赵光有认识了现在的师父王希富老先生。

王老先生实在是一位传奇人物，虽然出身于厨艺世家，自己本人却是古建设计界的泰斗、研究三维成像技术的专家、北京建筑工程学院古建专业的创始人。王老的外祖父是宫廷御膳房的厨师，父亲是民国时期致美楼的名厨，两位哥哥和九位舅舅也都是民国时期八大楼的名厨。出生在这样一个名厨世家，儿时的王希富很幸运，能跟着家里人吃到些传统的美味，同时也因为家庭环境的耳濡目染，少不了要动手做菜。到如今，如王老这般，不仅吃过而且亲手制作过这些当年最高级别菜品的人实在是凤毛麟角。王老身兼食客及厨师两种身份，不仅能把握烹调菜品时技法的"度"，更能通过记忆还原当年这些名菜的味道的"度"，将这两种"度"都发挥到极致，就能最大程度传承当年宫廷菜的味道和烹饪技法。从这个意义上来说，王老简直就是厨艺界的一宝。赵光有感觉，与这位师父的相识是他厨艺新生的开始。

成为被王老认可的弟子可并非易事。当时，王老考他的菜是一道听起来很普通的干炸丸子。赵光有这样回忆当天的经过："我记得很清楚，师父问我，小赵啊，干炸丸子你会炸吗？我说会炸。当时，我心里窃喜，因为从李老师那儿养成的读书习惯我一直保持着，来北京之后，刚好看过一本关于北京风味的书，里面系统地讲了干炸丸子的做法。我就跟师父说，干炸丸子都要放什么调料，其中就包括黄酱。师父说，还知道要放黄酱呢？还不错嘛小伙子，挺有心的。看着师父的表情，我知道，这个第一关算是通过了。"

本以为已经顺利过关，其实，考验还有第二关。过了几天再见面，王老让赵光有炸一份干炸丸子来尝尝。当天赵光有做的干炸丸子，王老给的分数是20

分。赵光有自己打趣说："估计师父还是给了鼓励分的，要是直接给零分，我可能就没勇气继续学下去了。"而王老给他上的第一课就从这份干炸丸子开始。王老对于好的干炸丸子给出的标准是这样的："外酥里嫩、要有'丝抱丝'的外表，要吃出黄酱香味，又不能吃出酱毛子味，酱多了颜色易黑，少了尝不到酱香味。外焦但不能煳，焦与煳之间的度要把握好！"那么到底应该嫩到什么程度、酥到什么程度？如何控制丸子中淀粉、黄酱的量，包括为什么要加这些调料，这些调料在炸丸子的过程中，哪些起调味的作用，哪些起定型的作用，哪些起调色的作用？诸如此类的内容，王老从各个角度进行剖析，讲解得清楚明白，包括酥脆的程度，王老也给出了明确的标准——那就是一桌人坐在圆桌前吃饭，坐在桌子上首的人咬了一个干炸丸子，坐在下首的人要能清楚地听到一声"咔嚓"。这一道看似简单的干炸丸子，赵光有足足炸了八个月。

会做宫廷菜？不敢这么说，我只能说，我在学做宫廷菜

讲了那么多赵光有的故事，还没讲到我俩的渊源，其实我算是慕名而来吧。北京健壹的宫廷菜名声在外，我有点儿好奇，就通过工作上的便利联系了健壹的公关部，想跟赵光有学两道地道的宫廷菜。当时，我提的要求有两个：第一，食材要方便获得，要每个人都能在菜市场买得到；第二，烹饪的技法要能够在家庭中完成。赵光有很痛快地答应了我，并帮我选择了两道菜：宫廷抓炒虾和宫廷赛螃蟹。赵光有说，这两道菜明显区别于其他菜系的菜品，是宫廷菜的代表作，而且，也完全符合我的要求。

在教我做菜的过程中，赵光有话并不多，但每句话都能说在点儿上。于是我问他是不是平时也这么教徒弟。没想到，他憨笑着说："我不收徒弟的，我们都是哥们儿。对这些哥们儿我可比对你严格多了。"听了他这话，不由得想起中午跟他一起吃饭时的小插曲。中午时，赵光有说，先让我尝尝这两道菜，有个概念，然后再来学习，可能会更有感觉。结果，赛螃蟹端上桌，他尝了一口，就请服务人员把菜拿回去请师傅重新炒一盘过来。然后，歉意地笑

笑："这盘炒老了。"当时，我觉得蛮惊讶的。后来有机会跟他一起试厨师的新菜，才知道，这不过是他的常态。为了让一款菜品达到他满意的水平，他会要求厨师半份儿半份儿不断地炒，还会叫厨师来跟他一起尝，分析这菜到底哪里让他不满意。而在跟这些厨师聊天分析菜品时，他的确是称呼他们为哥们儿的。我私下里跟他的下属聊天，没想到他们竟然是盼着赵光有来试菜的。因为每次试菜，他们对厨艺，甚至是对菜品的理解都能有很大的长进。从他们的言谈话语中，不难看出他们对这位总厨的钦佩和敬畏。

健壹集团旗下有若干餐厅，作为这些餐厅的总厨，赵光有应该是一个管理者，他却努力跟师父学习宫廷菜的做法，自己也烧得一手好菜。管理者与好厨师之间，他究竟是如何平衡的？他说，其实很简单："就像唱戏，第一天不练只有自己知道，第二天不练观众就看得出来了。我不认同一定要把好厨师变成厨师长，要看人的个性和综合能力。在我的团队里，好厨师的薪水有时候是高于厨师长的。"

赵光有说，学菜是他的真爱，他已经跟师父学了百十来道宫廷菜，这仅仅是老爷子的绝活儿中的十分之一。"跟了这个师父，我感觉自己是特别幸运的。跟师父学到的不仅是炒菜的技术，还有太多的人生智慧。包括我现在管理团队，很多经验都来自师父的理念。我觉得师父传授给我的这些经验其实都是古老中国的大智慧，是经典，而经典是永远不会过时的。"

赵光有说，人学习的时间越长，越认为自己不行。他现在反而不敢说自己会做宫廷菜，只能说，他正在学习宫廷菜。而他未来的愿望更是质朴可爱，那就是继续努力学习，把师父记忆中的那些宫廷菜发扬光大。

独有技法之宫廷抓炒虾

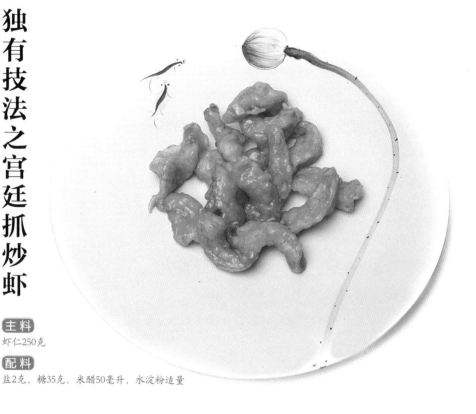

主料

虾仁250克

配料

盐2克，糖35克，米醋50毫升，水淀粉适量

制作步骤

① 虾仁背部开刀取虾线，用盐水洗净，沥干水分，放入水淀粉挂糊。

② 锅内放油烧至六成热，逐个放入虾仁，反复浸炸至外酥里嫩，捞出控油。

③ 另取锅放入盐、糖、醋，水淀粉勾芡放入虾仁，大火翻炒，淋明油出锅。

特别提示：

① 注意虾挂糊不能过厚。

② 油温控制要准确，勾汁后要快速翻炒出锅。

大师私语

抓炒的技法是宫廷菜的典型技法之一，其他菜系几乎没有这种技法。这个技法强调的就是快，所有烹饪过程要一气呵成，还有就是对火候的掌握。此菜是宫廷四大抓炒的代表菜，大虾体形圆润，外焦里嫩，饱满多汁，酸甜适口。

不是螃蟹胜似螃蟹之 宫廷赛螃蟹

主料

大黄鱼丁200克

配料

生咸鸭蛋黄1个，熟鸭蛋黄1个，生鸡蛋黄1个，姜汁20克，姜末、海米粉、香菜末少许

制 作 步 骤

① 将大黄鱼去骨切成菱形丁，用盐、姜汁、蛋清、淀粉腌渍。用两成油温将鱼丁下锅滑油，出锅备用。

② 将鸭蛋黄、鸡蛋黄、海米粉兑在一起，下锅炒散开，下蛋清少许出锅。

③ 锅上火下入清汤100克、海米50克、姜汁20克、盐5克，勾薄芡，下入黄鱼肉和炒好的蛋黄，烹姜醋汁，出锅点香菜末和少许姜醋汁。

特别提示：

滑油时油温不可过高，油温过高会影响鱼肉的嫩度和颜色。

大 师 私 语

此菜形酷似蟹肉，黄鱼鲜嫩，咸蛋黄、海米粉的香气及姜醋汁的味道完美融合。由于食材易得，做法简单，在家庭中即可顺利完成。但这是一道有趣的菜，用一种食材去模仿另一种食材的味道，透露出人民的智慧。

大 师 眼 中 的 我

活泼好动，有悟性

　　学菜的过程中，能明显感觉到吴冰的性格很活泼，人也很开朗，很善于调动现场的气氛。其实，我个性有点闷，但她却能很快跟我成为朋友。学菜时，她很认真。从切菜到炒制再到摆盘，她都顺利完成。

所有的美味都源于地摊儿

武剑利

从事餐饮行业迄今为止已30余年，荣获国家高级技师、烹饪大师、中华金厨、烹饪艺术家等称号。因家传的熏酱技艺，在业内被称为"熏酱武爷"。现主要专注于研究中国传统地摊儿美食文化，不断挖掘、传承中国传统食品，致力于把中国美食的"地摊儿味道"再现人间。

他看上去很时髦，仿佛与大厨扯不上什么关系；他很幽默，聊天时常能逗得听者哈哈大笑；他个性直率，说话办事往往一针见血；他是科班出身的鲁菜烹饪大师，却因为家学渊源而有着一手熏酱的绝活儿；他被圈中人官称"武爷"。对于厨艺，对于美食，他有着独到的见解——他说，所有的美味都源于地摊儿。

练摊儿，我是"技术型人才"

跟武剑利的第一次合作说起来挺有趣的。他来《食全食美》的节目现场参与录制，我们分别介绍了自己之后，他问我："你知道我名字是哪几个字吗？"我根据发音猜测着说："文武的武，建设的建，利益的利？"他马上笑了："基本上所有人第二个字都会猜错，是宝剑的剑，能砍的那个剑！"几句玩笑话，一下子就消除了我们之间的距离，下面的合作就变得非常顺畅。武剑利当天做了一道柱侯酱三文鱼头，他将三文鱼头从中间片开，一锅炖了四个鱼头，也就是八半儿。我灵机一动，说："这简直是'鱼头开会'。"没想到，这"会"还真就开得很成功，那期节目的收视率相当不错。武剑利为人很健谈，录节目时也往往能一语中的。

武剑利在厨师圈里也算是个传奇人物，脑子活，心眼儿多，属于"善于折腾"的那类。听他讲述自己的经历，感觉真是比电视剧还精彩。参加工作时，他其实一点儿都不想做厨师，就稀里糊涂地进入了这个行业，可是没想到一入门就喜欢上了，还就不想做别的活儿。每天就是跟同事们一起聊菜，聊厨艺。

"那时候，跟同事们的闲聊其实就是一种交流。我从小心眼儿多，而且要强。跟同事们交流过后，就偷摸自己练，什么事儿要做就得做到最好，不能掉链子。"就这样，武剑利先是在国家机关的食堂里学习传统的鲁菜，后来又去合资的酒店工作，然后被外派到日本。从日本回来后，他就开始自己创业。而这个创业的过程就是"跌宕起伏"了。

武剑利说，他的经历几乎都跟他心眼儿活、不安分的个性息息相关。刚开始自己干的时候，他开过酒楼，跟人合伙做过生意，上过当，受过骗。富有时，是北京最早购买大吉普的人；而失败时，连门都没法出。2004年，武剑利陷入低谷，生意赔了600多万，一整年的时间，他几乎都躲着不见人。到了2005年年底，北京奥组委筹办奥运会期间，武剑利的一个朋友向他咨询适合在场馆里销售的休闲食品，武剑利听完心中一动，马上说自己能做德国的香肠。其实，当时这香肠还完全只是一个设想。当时，可能就连武剑利自己都没想到，随口的一句话，会变成事实。他的朋友让他尽快去找工厂试制，随后送来让组委会的工作人员试吃。因为有着多年的国外工作经验，武剑利见过很多食材，于是他自己设计了配方，找到一家食品加工厂，一次就成功制作出了黑椒牛肉的香肠。把这香肠送到奥组委，当时的评判人员，一个人就吃掉了5根。要知道，每根香肠的分量是50克，5根就是整整半斤啊。武剑利拿到了这个项目，2008年奥运会，30多个场馆中都有售卖这种香肠。武剑利说，整个奥运会期间，一共卖出了五六百万根香肠。就连组委会的领导都说他，你这小子聪明啊，怎么会想到做牛肉的呢？武剑利自己则说，这还真不是聪明，而是经验。黑椒口味是当时国际的流行口味，几乎全世界的人都爱吃。而牛肉又不分民族，人人皆可食之。偏巧，黑椒与牛肉也很搭，一切都是水到渠成。

2008年奥运会上，武剑利可谓出尽了风头，理应顺风顺水继续努力，他却放下了一切，几年都没有再碰餐饮这个行当。他说，他觉得之前的自己太浮躁了，需要一些时间让自己沉淀下来，之前的经历让他明白了一个道理："我是技术型的选手，最后还是应该在技术上突破自我！"这次，他要玩的技术，是家传的熏肉技巧。

武剑利的老家是中国的熏肉之乡柴沟堡。他爷爷就是厨师，逢年过节，老家都要买猪头、买肉来制作熏肉。而收拾猪头这些打下手的活儿，武剑利从小就会。因为是小时候做惯了的事儿，武剑利起初还真没把它当一门生意来做，就是在自己经营的餐厅里，给朋友们做些熏味尝尝。没想到，这口口相传，一下子就名声在外了。一帮朋友都来找他，要吃他做的熏宴。这时，武剑利的心眼儿又开始活动起来。他想：柴沟堡的熏肉历史源远流长，做法简单，调料也不复杂，口感却绝佳。如果能稍加改良量产，不仅能传承这份美味，更能带来不错的经济效益。在改良的过程中，武剑利还是遇到了问题。原来，柴沟堡的熏肉虽然用料简单，也就是花椒、桂皮、大料，但却是用百年柏木来熏味的，这几乎是不可能完成的任务。于是，武剑利就开始琢磨用什么来替代柏木。冥思苦想了许久，都没能找到合适的替代物，甚至连生意都停滞了几个月。有一天，正在品茶的他看着杯中的普洱茶，忽然就有了主意。"我当时就想，这普洱茶也是草本植物啊，不油腻，味道清秀，比柏木的焦油味应该更好，何况还对人身体有益。我何不试试用普洱茶来熏肉呢？"

如今，武剑利的这个念头已经变成了现实，他现在出品的熏肉，全部是用普洱茶来熏制的。虽然价格比用一般树枝来得高，但味道不可同日而语。在武剑利眼中，能将家乡的老味道留下来，传播给更多的人知道，是一件有意义的事儿。"中国菜的传承其实就是中国菜的魂，南熏指的是腊肉，而北熏就是这烟熏火燎、急促上色定味的方法了。我确定了用普洱茶来熏肉之后，就按照最古老的方式来制作，我这味熏肉加上水一共只有4种调料，连盐都不放。"不放盐？那如何调味，如何起到保质的效果？他一副胸有成竹的样子："这就是技术。现在我不说，别人谁都不会，我一说，其实就是一张纸一捅就破，难就难在如何捅破这件事上。如今，我总结了中国七大熏法，想在60岁以后写本书，不能让这个技术在我手里失传了。这门技术源于社会，还得还于社会。"

从当初的黑椒牛肉肠，到如今的普洱熏肉，武剑利改良创造的美味，几乎都能打出名气。这些主意全都源于他正经的纯鲁菜科班出身。他会做很多老菜，了解这些菜的烹饪原理，才是他改良、创新的根基。"所谓的烹调方法，其实就是数学公式。你把烹调方法掌握好了，拿到一种食材，你脑袋里就开始去找公式，要怎么做，找到对的公式，这菜就能做出来。"

恋摊儿，所有的美食都源于地摊儿

作为大厨，武剑利喜欢四处去吃，吃的过程对他而言就是学习提高的过程。但他不喜欢那些大饭店、大馆子。他喜欢在"摊儿"上吃："为什么我老强调地摊儿味？我每次去外地，朋友说请我去哪个饭店吃饭，我都说不去。看哪儿土，就要朋友跟我一起吃'土'的去。因为只有这些最乡土的，才是最原始的、最根本的美味。这就是地地道道的地摊儿文化。我一直都在琢磨这件事：美食在哪儿？在地摊儿上，从古至今，好吃的都源自地摊儿。"武剑利对于地摊儿文化的认知很深，那些好吃的，甚至不少名菜都源于地摊儿。最出名的比如麻婆豆腐、夫妻肺片，最初全都是街头小贩售卖的食物，慢慢才经由大厨的改良成为餐桌上的名菜。想想也是，早年间我们更多的美味享受都来自大排档，也就是所谓的地摊儿。

武剑利说，现在很多人都看不上地摊儿，嫌脏。"其实，那些地摊儿不脏，也许你看到桌子就摆在泥土地上，你觉得炒出来的菜还带着土末呢，但土本身可不脏，我们吃的粮食、蔬菜、水果，哪样不是从土里长出来的。相反，那些化学合成的东西，对人体的危害可是大太多了。"

武剑利举了一个最简单的例子：小时候食物匮乏，但一碗酱油拌米饭都能吃得出幸福感，原因是什么？那酱油好吃啊！纯粹的黄豆经过足够的时间发酵而成，味道鲜香无比。而现在的酱油大部分都是勾兑出来的，发酵时间短不说，甚至添加了很多其他物质，早就失去了本真的味道了。社会要进步，纯正的地摊儿味也要从一个个手工作坊发展成为大型的餐饮企业，但那种味道不能丢。说到这里，武剑利促狭地笑了："我们有百年老字号，以后也可以有百年地摊儿味嘛！要知道，中国美食文化的根源基本都在地摊儿上，这百年地摊儿味才是最纯正的传统文化。"

武剑利对地摊儿味的推崇还建立在他对人们口味变化的了解上。他说，当人们的生活越来越好，就会越来越懂得欣赏美味。而原汁原味，也就是地摊儿味必然会回归到人们的视野中、舌尖上。武剑利甚至开玩笑地说，他60岁之后，还想写一本关于地摊儿美味的书。我听了他这话，忍不住打趣他："还要写熏酱的书呢，这写书计划真是很系统！"

武剑利说，熏肉就是传承了300年的地摊儿美味。他说，自己现在要趁着这几年的时间，将熏肉的技艺继续完善、发展，让这门手艺更精湛、更完美。他说，他已经将300年前的熏肉变成了如今最为时髦的O2O销售模式，而且还相当成功，这靠的都是他的技术和对原材料的坚持。"商人没有不重视利益的，但是在考虑赚多少钱之前，我先要考虑的是如何让这种食物更美味。所以，我坚持用普洱茶，用最好的原料，因为只有这样的坚持，才能让熏肉的味道最纯正。还是那句话，我是搞技术的，没有玩儿经济的脑子。但人有时候就是要活得一根筋一点儿，坚持下来，就叫独树一帜。"

别看武剑利如此看重自己家传的熏肉技巧，他却完全不保守。到扬州出差，听闻扬州的熏肉有名，特意跑去人家店里品尝，尝过之后，还给老板留下了如何去除肉里腥味的建议。武剑利说："人这一生不可能都轰轰烈烈，平平淡淡做好一件事就不错了！尽管现在我还没看到谁做的熏肉比我的更好吃，但未来一定有。所以，好东西不能藏私，将来更不能带走，等我60岁的时候，一定会将我的这些技术公布出来，谁愿意学谁学，这是传承，也是将地摊儿味发扬光大。"

冰糖肘子

主料

猪肘子1000克

调料

冰糖50克，葱15克，姜5克，大枣6粒，五香粉5克，老抽5毫升，生抽5毫升，美极鲜酱油5毫升，蚝油5毫升，盐5克，八角2粒，水适量，花生油20毫升

制作步骤

① 在锅中放凉水，放入肘子。中火烧开，焯去血水。然后取出肘子，用水冲凉。

② 用镊子处理一下肘子表面的毛，再用竹签在肘子上多扎几下。

③ 热锅下油，先放入20克冰糖。小火把冰糖炒化。再放入处理好的肘子上糖色。

④ 然后加入老抽、生抽、蚝油、美极鲜酱油、五香粉、葱段、姜块、水，大火烧开。

⑤ 转小火盖上锅盖炖30分钟。

⑥ 在砂锅底部铺上一层蒜，再把肘子放入砂锅中，加入剩下的冰糖、大枣、八角、盐。

⑦ 盖上锅盖小火炖2个小时即可。吃时切片，蘸蒜泥吃。

大师私语

做冰糖肘子需要耐心，但炖好了特出彩。肘子营养丰富，含较多的蛋白质，特别是含有大量的胶原蛋白，女人多吃皮肤会好哦！

·有·滋·有·味·

酱汁鱼

主料

鲤鱼1尾

调料

姜，黄酱与甜面酱调和酱，盐，白糖，香油，醋

制 作 步 骤

① 将鲜鲤鱼洗净，去鳞，去鳃，在腹剖处用刀划开，去内脏，洗净血沫备用。

② 将收拾好的鱼改成一字刀，即每隔1.5厘米切一刀，深度入鱼腹即可。

③ 将鱼放入水中稍微汆烫，直至刀口翻开即可，捞出后将水控干。

④ 锅内倒入油一勺，放入黄酱和甜面酱以8:2的比例调和的酱、糖炒香，放入开水，放入飞好水的鱼，大火烧开改小火炖8~10分钟，出锅前烹入醋、姜末。

大 师 私 语

战国时期，中国就有酱了，所以酱汁鱼是一款传统老菜，色泽枣红，味道咸鲜，酱香浓郁。

其实，她是我哥们儿

　　吴冰更像是我哥们儿！她为人热心肠，特仗义，很有侠气。在这方面不像女孩子，反而像个小爷们儿，用老北京话说是个特别敞亮的人。她给我的印象最深的地方有两点：其一，就是她真的爱美食，不仅在节目里学，下来还找大厨们学，学完就给家里人做，对美食的热爱体现在生活的细微处；其二，她很有公德心，一直在做一些公益的项目，也许这些项目目前的影响力还不大，但绝对是非常有意义的事。

Yan值超高的总厨

国家高级技师。2011年至今于北京永泰福朋喜来登酒店任职中餐行政总厨。曾参与2008年第29届奥运会接待工作。

张 伟

最近，流行拼颜值，其实只谈颜值很片面。在厨师这个圈子里，张伟是一个Yan值超高的人。何为Yan值，在我看来是综合素质，包含了颜值、研值和严值。张伟人长得帅，笑起来很有范儿，亲和力秒杀那些银幕韩国帅哥；至于研值，说的是他对厨艺的那股子钻研劲儿，让人敬佩；而所谓严值，则是他带团队时表现出的严谨态度，有了对人对事如此认真的主厨，想要餐厅的菜不好吃、生意不火爆都难啊！

高颜值，爆表的亲和力

第一次见张伟，是在《食全食美》的录制现场。不记得说了一个什么话题，他笑了，笑容特别美好，不是那种张扬的哈哈大笑，而是笑容里带着那种让人感觉非常温暖、非常踏实的东西，我一下子就被这个笑容打动了，心下暗道：这位主厨的颜值还真不是一般的高。在节目里，张伟做了一道南瓜煲，这道菜是他的独创菜，也是他目前任职的餐厅里的一道招牌菜。平时家里吃南瓜，也就是蒸着吃、煮着吃，或者熬点粥什么的，张伟却是把南瓜炸了。最令人吃惊的是，尽管是油炸的，吃的时候却一点儿油都没有。当时，我对这道菜简直是好奇得不得了。

这其实是一道功夫菜。先在砂锅底下垫上葱、姜、蒜和香叶，然后将一个小竹箅子放在上面，再摆上南瓜。这样一来，油炸时，下层香料的味道就会慢慢渗入南瓜里面，给南瓜提香。这样的设计还有一重功效，就是让后面加入的肉汤能慢慢蒸发渗透到南瓜中。所以，在吃这道菜时，不仅能吃到南瓜自身的香味，还能吃到肉香以及香料的味道。现在提起这道菜，我仿佛还能感受到味蕾的活跃，那种垂涎欲滴的感觉犹在。张伟说，他想到这种做法纯属偶然，是借鉴了传统粤菜中"生啫"*的烹饪技法，并加以发挥得来的。

我私下里跟张伟聊天，他话不多，时常露出腼腆的笑容，却总能把握住聊天的重点。后来我发现，他温暖笑容的背后是强大的亲和力和对人对事毫无保留的真诚。

有一年端午节将至，我想选些粽子送给亲朋好友。刚巧张伟任职的酒店推出的粽子用一个别致的圆筒包装，且口感上佳，我就把这件事拜托给了他。当时，我跟他说，我会将需要送的亲友地址发给他，请他帮我将粽子快递过去，然后我再将粽子和快递的费用一并还给他。因为知道他办事特别靠谱，地址发给他之后，我甚至没有多问一句。端午节前，我打电话问候他，随口问了一句："你人在哪儿呢？"其实也没指望他回答，接下去就开始说其他的事情。没想到，他回答正在帮我送粽子呢！我立马着急了，说："不用你亲自送啊，帮我快递就行。"他却说："不行，我琢磨了一下，你送的这些人，都是你亲密的朋友，我们这粽子包装这么特别，快递万一给压坏了多不好。"就为了这个不确定的因素，张伟开着车全北京地转，一家家帮我把粽子都送到了。

高研值，非凡的创造力

张伟是怎么成为厨师的？说起来有趣，起因是他发小托他妈妈帮忙找了份厨师的工作，于是张伟就对母亲说："您帮人家找了厨师的工作，怎么不给你儿子也找一份？"这么一说，张伟的妈妈才知道原来自己的儿子也想入这一行。其实，张伟从小就喜欢做饭。小时候父母是双职工，白天都要上班，家里

★ 生啫 由西餐铁板焗改良而来，现已成为粤菜的一种经典烹调方式。利用瓦煲或铁板传热，把放在里面的食物焗熟，不加汤汁，靠原料本身所挥发出的蒸汽来焗熟材料，最大特点是酱味十足，香气扑鼻。

没人，张伟就自己给自己做午饭。张伟还会召集几个小伙伴一起，品尝自己做的菜。每次他做的菜，小伙伴们都吃得特干净。不仅把所有的菜都吃光，甚至连菜汤儿都冲点热水当汤喝了，那种感觉对张伟而言是相当有成就感的。

尽管有妈妈的关系，进了餐饮这一行，张伟却并不特殊，也是从小弟做起。所谓小弟，说白了就是打杂的。当时，张伟学的是粤菜，师父大多是香港人，他早上要给师父沏茶，把师父的手布给洗干净。张伟说，那手布洗得比他自己的擦脸毛巾都要白。张伟是幸运的，两年之后，开始上锅，这对一般的厨师而言，几乎是不可能的。当然，这中间也离不开他的勤奋和努力。

"这个行业里，我觉得我算是比较用心的人，学艺过程中，不光多干、多练，还得动脑子。为什么师父炒出来的东西跟我炒的不太一样，看着就觉得香？厨师这个行业，一是靠勤奋，二就是自己要去想个为什么。我当初跟着师父学炒菜，一开始靠的就是死记硬背。我记得特清楚，我们当时用的还是老式风道，用脚一踢火就大了，炒完了用脚往下一拨弄，火就小了。师父什么时候大火，什么时候小火，都要记得，而且是要精确地记得。有时候真的是差一点儿味道就不一样。"

他的学艺过程是地地道道的"师父领进门，修行在个人"。最基本的东西师父点拨几句，其他的技巧和心得全靠自己看，自己研究。张伟恰恰是一个爱研究、爱琢磨的人。"看得多了，有了一定基础，慢慢自己研究、琢磨，就能找到一些门道。还拿调整火候这件事来举例。最初张伟也就是记住师父的动作，但不明白原因。通过自己炒同样的菜，研究、琢磨，他很快就明白了："要么是急火翻炒食材，为了后面的芡汁勾得更匀；要么是为了收汁；再有就是临出锅加点味道……反正说来说去就那几种情况，熟练了就自己总结出来了。"

张伟说着容易，其实这种悟性并非每个人都具备。"只要是我想做的事，我就会琢磨，怎么能做好。尤其是担任五星酒店的主厨之后，一年四季经常要出新菜。平常日子，到其他餐馆，吃饭的同时也是学习，吃到什么好吃的菜或者味道，我会做个记录。而每到设计新菜品的时候，我就什么都不干，让自己一门心思都放在研究菜品上，之前做的记录这时就都变成了宝贵的资源。这段时间，我能让自己心无旁骛，除了新菜其他什么都不去想。"

高严值，精准的执行力

从学徒到厨师，到厨师长，再到五星级酒店的总厨，张伟说，他的厨师之路从来没有仔细规划过，就是随缘一步步走过来。"我做事喜欢顺其自然，做好自己该做的事情，到什么时候做什么事，升职也都是水到渠成的。我从来不会做超出自己能力范围的事情，也不会在能力不够的时候勉强自己承担超出能力范围的责任。"

永远做自己能力所及的事情，这就需要对自己的能力有非常明确和正确的认知。他的这种认知其实来自喜欢他的客人。"厨师嘛，最重要的还是自己的菜，不管在哪儿工作，不管担任什么职务，只要出品的菜被客人认可，点单率高，就证明这个厨师的本事了。"

2001年，是张伟厨师生涯中的一个重要节点，因为在这一年他发现并以精准的执行力迅速调整了自己的烹饪观念。"当年我们学粤菜，讲究的是明油亮芡，菜品色泽光鲜，要多漂亮有多漂亮。而到了2001年，我发现，餐饮市场的潮流明显随着客人的口味发生了变化。客人不再单纯地追求菜品的漂亮，而更加讲究菜品的香气和口味。充满了锅气的菜品上桌，也许葱、蒜已经有少许的焦煳，在色泽上略有缺失，但那浓郁的香气，甚至能让整间餐厅的客人都闻得到，而且菜品的口味也提升了一大截。这么香的菜怎么可能不激起客人的食欲？"张伟马上意识到，他需要跟随客人口味的变化而变革自己的烹饪理念，"这时候，我就发现，烹饪是一件学无止境的事。但是只要能把基础的烹饪技巧都掌握了，就能够根据这些基础在工作当中随着客人的需求而变化。掌握的技巧越多，在工作中解决问题的能力就越强。"

如今，张伟任职的北京永泰福朋喜来登酒店的中餐厅，每天的营业额都是十几万，这也许还不能与一些火爆的社会餐饮企业相比，但在五星级酒店中绝对是骄人的业绩。张伟说，自从担任了五星级酒店的总厨，他对于严谨的理解更深刻了一层。首先，酒店的管理计划性非常强，第一季度工作还没完成，就得安排第二季度的工作，设想第三季度的工作，甚至是预想第四季度可能的工作。餐厅每做一个推广活动，最少提前一个月就要出方案，同时也要与其他部门协同合作，不可能自己单打独斗，自己说了算。这就需要有严谨的计划，精准的执行及良好的沟通。哪怕只是一个新菜的定价，也要体现出酒店的严谨来！"如果是一般的社会餐饮企业，推出一道新菜，相对比较简单，口味不错，老板也觉得有钱赚，有时甚至是前一天试过菜，第二天就能卖给客人。酒店不能这样，酒店的新菜推出有着严格的程序。不仅口味有要求，售卖这道菜到底能赚多少钱都有严格的规定，利润太低不赚钱的菜品固然不能推出，利润太高的菜品也不行。"

利润高的菜也不行？张伟解释："从这一点上最能看出酒店业的严谨。酒店业有非常严格的成本率，利润过高，对客人就是一种欺骗。"

这诸多限制，对于一贯严谨的张伟而言，适应起来非常得心应手。他说："我觉得这样挺好的，没有规矩不成方圆，酒店行业有自己的行业文化和管理原则。那些所谓的条款看起来仿佛会让员工束手束脚，但细想想却会觉得每一条都有它存在的道理。"

如今，张伟又开始琢磨起意境菜来。他觉得意境菜借鉴西餐的摆盘方式，让菜品非常美观，这样的理念应该学习，但中餐讲究锅气、讲究热闹的传承也不能丢。在不影响食品的颜色和味道的情况下，让菜品更漂亮一些，能把客人吃饭的情绪调动起来，这是张伟对意境菜的理解，但如果要牺牲菜品的温度或者口感去追求摆盘，那就违背了烹饪的最基本原则。

张伟说，做人与做菜是一个道理，一味追求菜品的样子花哨好看，味道却不好，就像是一个有着各种名头却没有真材实料的人一样。与其被人尝了一口就摒弃，不如努力踏实做事。"我就踏踏实实在我的一亩三分地上做好该做的事情！"

海鲜小豆腐

主料

卤水豆腐500克，文蛤肉30克，青菜20克

配料

干辣椒少许，盐、味精、鸡粉、鸡汁适量，葱油

制 作 步 骤

① 先将豆腐切块。青菜洗净，切成细丝。

② 文蛤肉焯水备用。锅内放入葱油，加入豆腐炒热，放入文蛤肉、青菜丝，以及所有的调料继续翻炒至香。

③ 出锅时可使用方便的容器扣出一个漂亮的形状。

大 师 私 语

口味鲜香不油腻，做法也超级简单，特别适合在家里操作。

香煎罗非鱼

主料

罗非鱼

配料

蒜蓉、干葱若干

调料

鱼露半瓶，花生酱、芝麻酱各半瓶，盐、味精、糖各半斤，美极鲜酱油250克，香茅、草果、八角、香叶、白蔻、茴香、白胡椒若干，辣椒面半斤

制作步骤

① 鱼去除内脏，洗净沥干水分，切花刀。

② 用所有配料及调料将鱼包裹住，腌渍8小时至入味。

③ 锅内放油烧至八成热，将腌渍好的鱼放入油锅中，煎至两面焦黄，出锅装盘即可。

大师私语

　　罗非鱼的肉味鲜美，肉质细嫩，营养丰富，尤其难得的是个头儿大小匀称，适合煎炸食用。

大 师 眼 中 的 我

原来她不是"大明星"

　　我第一次去电视台录制这种教观众做菜的栏目，就是跟吴冰合作的《食全食美》。在与吴冰合作的过程中，我发现她性格特别随和，没有一丝一毫的所谓明星架子。其实，一开始面对镜头蛮紧张的，但跟吴冰合作，感觉她随和亲切，压力和莫名的紧张感就慢慢消除了，跟她也熟络起来。后来，就再不拿她当高高在上的明星，而是作为身边最好的朋友。

暖男的温馨菜

擅长粤菜、传统川菜、京鲁菜、官府菜等菜系，蓝调部落烤全羊创始人。2015年5月在由世界厨师联合会和中食展SIAL China联合主办的"2014中国国际顶级厨师邀请赛BY SIAL"中获得金奖及最佳甜品创意奖。

杨 杨

有一段时间流行一个用来形容优质男子的名词——暖男，用在杨杨身上真是再合适不过了，跟他接触的时候，不知不觉就会被他的细心关照到。他会提前将我要学的菜谱打印出来，让我先熟悉，然后照着一步步操作；他会在接到电话时，亲自下楼去接我的小助理，只为让她能顺利找到我们；他会在我做菜洗手时，撕下厨房纸等在那儿，让我第一时间把手擦干，继续后面的操作；他也会在陪我们吃饭时，同时关注着厨房以及其他客人的各种需求……他的暖带给他身边的人一种如沐春风的感觉。

他的暖也渗入他对烹饪的追求之中，他出品的菜肴，不论是讲究的传统大菜，还是适口的家常小菜，吃起来总有一种温馨的舒适之感。

被放了两次鸽子才"逮"住的名厨

跟杨杨相识可谓好事多磨，最初是《食全食美》栏目组发现了他，邀约了两次，但都因为他工作繁忙而被放了"鸽子"。我邀请他来参与《生活2015》的录制，其实已经是北京台对他的第三次邀约了，他表示"赴汤蹈火，在所不辞"。那期节目的主题是小龙虾。杨杨那年在九朝会策划了"龙虾品鉴会"，他自己又创新研制了几种特色的小龙虾做法，于是，顺理成章成了我们节目的嘉宾。也许是因为有了两次"放鸽子"的"前科"，本次合作，杨杨准备得特别充分。他在节目现场侃侃而谈，从小龙虾的鉴别到小龙虾的制作、品尝……一气呵成。1个半小时的节目，我们录制了1小时40分钟，简直就是一个小奇迹啊！而且，这是我们在录制现场吃到的最美味的小龙虾！

后来杨杨跟我说，他对带去现场的虾绝对有信心！不管从个头儿、品质，还是做法上他都心里有数。的确，他制作的糟醉小龙虾口味非常独特，是他自己独创的做法。为了确定最终的配方，杨杨说，他试了许多遍，不知道"牺牲"了多少只小龙虾。

有了这次愉快的合作经验，我跟杨杨又迎来了在《食全食美》节目组的合作。当天我们要录制三期节目，也就是需要制作三款不同的菜。杨杨同样准备得非常充分，录制节目时也落落大方，跟他一起做节目，特别省心。我们现场的工作人员都忍不住感叹：这次的大厨真细心啊！这种细腻是杨杨个性的一部分，他做事做人都是如此细心。对待食材、对待烹饪，他都会以一颗细腻之心去体悟，这才能出品那么多美味的菜肴吧！

一桌打破美食主持人禁忌的菜

随着跟杨杨越来越熟，我也开始好奇他出品的其他菜肴，于是去他任职的九朝会吃了一顿饭。没想到，这顿饭给了我一个大大的惊喜。作为美食节目的主持人，我虽然爱吃，但面对美味的食物，多数时候还是选择浅尝辄止，因为毕竟上镜时要保持身材啊。然而，那天在九朝会，桌上的食物全部都被吃干净了，包括糖饼，因为实在是太好吃了！

随着社会的进步、物流的发达，今天的厨师所能接触到的食材品种、新鲜程度都与以往有了天翻地覆的变化。以往，因为食材相对单一，而且新鲜程度也不高，厨师需要通过自己娴熟的烹饪技巧为简单的食材变换花样，或者让不那么新鲜的食材发挥出最完美的味道。而今天则不同。杨杨的烹饪理念，就是尊重食材，让食材能呈现自己独有的、最美的味道；同时，也在继承传统的基础上，不断创新，让菜品给食客带来全新的感受。

　　九朝会名字的来源是九个不同的朝代，每个朝代都有一道作为代表的菜式。其中最经典也最让杨杨得意的就是代表着宋朝的一道"红烧肉"。这道菜盛装在一款形似香炉的容器中上桌，上层是红烧肉，下层的隔断盛装的则是搭配肉同食的红豆米饭。菜品摆盘样式古朴，口味更是令人赞叹。当我跟他谈起这道红烧肉的由来时，杨杨颇有几分得意：一提到红烧肉，大多数人马上就会联想到苏东坡。苏东坡晚年被流放到海南，很多人都认为苏东坡晚景凄凉。杨杨可不这么想，他觉得宋朝的海南岛那得美成什么样啊？绝对是人间仙境啊！苏东坡这么爱吃又会吃的人，到了海边发现那么多新鲜美味的海鲜，肯定得取来与肉同烧啊！这个故事当然是杨杨自己的演绎，但偏偏新鲜有趣。而杨杨也从这个有趣的演绎中，将一道简单的红烧肉衍生出了高阶版本——"鲍鱼红烧肉"。听杨杨讲述这道红烧肉中的门道，我觉得他不仅仅是在做菜，还是在创作一件艺术品。

　　厨师的基础，当然是烧制出一味好菜，如果这道菜不仅美味，还能于食客的身体有益，甚至能让食客在品菜时获得谈资和乐趣，这恐怕是厨师至高的追求吧。杨杨说，他师从屈浩大师学艺之际，师父就告诉过他这样的道理，而如今他正在往这个方向上努力。

秒杀一切主食的私家炒茄丁

主料

圆茄子1个，西红柿1个，尖椒1只，五花肉50克

配料

葱花，姜末，蒜末，八角2个

调料

酱油30克，糖，盐，料酒，米醋，香油

制作步骤

① 圆茄子去皮切1.5厘米见方的丁，拌入5克盐，茄丁腌出水分用手攥干备用。

② 西红柿去皮切小块，尖椒切丁，五花肉切1厘米见方的丁备用。

③ 炒锅上火烧热，下入凉油，烧至三四成热时下入茄丁煎至金黄色取出。

④ 锅内重新下油烧热，下入八角，炸香后下入肉丁，煸炒至微黄溢出香味并出油后下葱、姜末，炒香后烹入酱油、料酒，炒香后下入西红柿、尖椒炒匀，加入热水下糖、盐调味。下入煎好的茄丁烧至汤汁快干时，放入醋、蒜末、香油的混合汁炒匀，出锅即可。

大师私语

这道菜是跟奶奶学的，其实是我小时候的味道。不管是配米饭、烙饼、馒头，抑或拌面，都毫无违和感，真是消灭一切主食的利器！

·有·滋·有·味·

花雕杨梅烧鸭方

主料
半片鸭1片，杨梅6~8个

配料
姜，香葱

调料
花雕酒，冰糖，薄盐生抽，白胡椒粒，桂皮，盐

制作步骤

① 鸭肉改刀成骨牌件，鸭肉飞水控干，姜去皮切厚片，香葱切段，杨梅用盐、花雕酒浸泡3小时备用。

② 炒锅上火烧热下凉油，下入鸭块煸炒出水分、油脂，盛出备用。

③ 锅刷净，炒嫩糖色，下入鸭块、桂皮、姜片、香葱炒匀，下入浸泡杨梅的花雕酒，加清水、生抽、白胡椒粒、杨梅，大火烧开尝味后改中小火烧10分钟左右，再改大火收汁至浓稠颜色红亮即可出锅。

大师私语

这道菜按传统其实是用冰糖来烧的，但是吴冰来学菜时刚好是杨梅季，我就将冰糖换成了花雕泡杨梅，应季又解腻。食材最讲究不时不食，应季食物吃起来是最健康的。

大师眼中的我

真是一个女汉子啊

跟吴冰一起录节目，每次都不止录一期，有时候是从早上一直录到晚上，不需要她出境的间隙，她就窝在休息室里的破沙发上背大篇大篇的台词，真是蛮辛苦的。俗话说：日发千言，不损自伤啊！

素着工作，荤着生活

赵斌

特级厨师，2009年至2015年任北京三摩地素食茶艺空间行政总厨。目前，任莲花空间合伙人兼出品部总监，顺风四季酒楼合伙人。2012年参与《舌尖上的中国》拍摄，2013至今作为特约厨师受聘于央视《天天饮食》、北京电视台《食全食美》《美食地图》等栏目。2016年获得"国际中餐十大青年名厨"称号。

我认识赵斌的时候，他是北京一家著名的素食餐厅主厨，而且，他"创作"的素菜金汤碧绿豆腐被陈晓卿钦点成为《舌尖上的中国》拍摄的菜品。然而，生活中的赵斌却是一个"大荤"爱好者，无肉不欢，他煮的卤肉味道好极了。只要有他在，不管什么样的聚会都不会冷场，他就是一枚最大号的开心果，那"笑"果绝对不逊于郭德纲。

做菜：细腻藏在嬉笑间

认识赵斌是因为录制节目，但我俩都不记得他上节目教的是什么菜了。赵斌人胖，胖得能看得出好几层下巴，特别有厨师范儿。他说话随和幽默，脸上时常挂着促狭的笑容，是属于那种有点"蔫儿坏"的人。而且，为人随和大气，经常成为玩笑的主角。但也正因为这种自来熟的个性，他在圈儿里的人缘极好，各种聚会大伙儿都乐意叫上他。有他在，就有欢声笑语。偶尔，我跟闺蜜的聚会也会选在他当时担任主厨的三摩地素食茶艺空间。

有一次，我跟闺蜜约了下午去他店里喝茶，早到的闺蜜也认识赵斌，就和他一起站在店里二楼的露台上看着楼下的停车场。这时候我到了，看时间还早，就在车里稍稍补了下妆，没想到这些细节都被赵斌看了个一清二楚，就一直在跟闺蜜"直播"，那细致程度连我补妆扑了几下粉都没漏掉。还一边"直播"一边评述什么"女人就是要细致，要精致"，什么"主持人就是不一样，这用的小镜子都特别好看"云云。闺蜜笑得直不起腰来，而我更是一进门就被这样的两张笑脸搞得莫名其妙，还以为自己的衣着出了问题。赵斌正是这样，很细腻，但所有的细腻都藏在嬉笑间，若你以为他只会嬉笑，他又能将问题完美地悄然处理。

赵斌出生在北京的一个普通工人家庭，用他的话说，老爸老妈这一辈子也没存下几万块钱。从小家境一般，他也从来都不指望依靠谁，全靠自己打江山。当初，选择当厨师，理由特别简单——有肉吃。

"我毕业当厨师，转正以后第一个月的工资，比我爸妈的工资加起来还多50块钱。"就为了能吃肉，选择了自己一生的职业，草率吗？赵斌觉得一点儿都不。因为，厨师其实是他从小就喜欢的职业。"那时候我的口号就是一个人吃饱全家不饿。衣食住行，人生这四件大事，当了厨师就解决了最关键的'吃'。更何况，在解决问题的过程中，还能学东西，赚钱养活自己。"其实，赵斌从小就展露出了当厨师的天赋，他初中时就曾经参加过学校里的厨艺大赛，做了个菠菜豆腐，还拿了冠军。"那时候还没上厨艺学校呢，烧菜都是跟我妈学的。我爸妈总是出差，他们一出差就没人管我了，我就得自己给自己做饭吃。最初我只会煮挂面，中午吃完晚上吃，曾经创下一个月吃三十多斤面条的记录。最开始就是用酱油拌面吃，后来渐渐地就会做西红柿鸡蛋的卤。"

赵斌从烹饪学校毕业之后，直接进入凯悦集团，算是相当不错的起点。但是干了两年之后，赵斌意识到，一直留在这一个地方很难成长，于是选择了裸辞。当时的他不可谓不勇敢。离开凯悦，赵斌去了隆博广场。对于隆博广场，赵斌的感情很复杂，他在那里三进三出，每次都是被老板高薪请回去的。"老板嘛，总是希望少花钱多办事，而员工总是希望能有机会赚更多钱。我信命但不认命，有机会我一定要抓住，至于结果是怎样的，要努力尝试了才知道。"也许正是因为这种对生活的理解，赵斌的每次选择结果似乎都不错。如此热爱吃肉的厨师，成为了一家素食餐厅的主厨。

三摩地茶艺空间，听名字不太像一家餐厅。餐厅的布置是非常静谧且充满禅意的，菜式品相更是美得令人咂舌。一道需要预定的汤品，上桌时总能惊艳全场。招牌菜金汤碧绿豆腐更是被陈晓卿钦点上了《舌尖上的中国》。金黄碧绿的小小豆腐块儿静静躺在一汪橙黄浓郁的汁水中，还没动筷子，那美丽的颜色已经让人食指大动。"陈晓卿怎么就选中了这道菜？"我问赵斌。这应该是很让他露脸的事情，他却显得满不在乎，胖手一挥、脑袋一晃答道："我也不知道啊！"听来轻描淡写，实则细腻讲究。这道豆腐是把豆浆按照蒸鸡蛋羹的方式先蒸熟，然后切块入油锅炸至金黄，上桌前还要淋上南瓜汁来调味，这才能使豆腐带有南瓜的清香。

一个如此爱吃肉的厨师，怎么能想得到那么多如此美味的素菜？赵斌却说，都是逼出来的。"其实，不论是荤菜还是素菜，理念都是相同的，技法也一样。我当时就琢磨，将菜品中的荤食都去掉，这菜油脂不够，肯定不香，再想别的方法增加菜里的油脂就能解决问题了。"如今，赵斌的素菜声名大噪，他离开三摩地，过了一段时间，又受邀加入霖舍素食餐厅担任出品总监。这家店开业仅仅一个月，便门庭若市，时常需要排队等位。

做人：平和隐于谈笑间

有段时间，看赵斌的朋友圈，知道他在同一个时间段里兼顾着四家餐厅，这就是八爪鱼也顾不过来啊。可是，看他的表现，仿佛没有一丁点儿劳累的痕迹，朋友圈中的内容仍然是各种搞怪以及到处吃喝，仿佛他不是厨师，而是美食家。看赵斌的朋友圈，真的很减压，因为你能从中体会到一个热爱美食、热爱生活的厨师正用一种执着和热情对待食物。同时，他还能带你认识很多新鲜的食材、新鲜的烹饪方法，尽管他拍的菜品图真是令人有点目不忍视……

我问他，同一时间做四份工作，不累吗？"累！但累也得拼啊！"赵斌说，他从小就知道自己家境普通，又是独子，凡事不能依靠父母，自然就要靠自己的努力，靠自己真心实意交的朋友。他本性中的平淡帮了他不少忙。"我做事不惜力，不贪心，这是我的优势。加上我特别珍惜朋友，所以，在圈里大家都乐意帮衬我。"赵斌凭借这两点感悟，在厨师圈里赢得了厨艺和人品两方面的好口碑，他的路自然也就越走越宽。赵斌说："前些年做主厨，都是在积累经验和人脉，现在好多人找我开店，我自己也乐意投入少量资金，在不同的市场中试水，我也想看看到底什么样的定位更适合我自己。而且在这段时间里，我学到了很多东西，最深切的感觉就是时间不够用啊！"可不，同一个时间段，做着四件事，每件事都需要全情投入，时间够用那就是奇迹了。不论是他的老板，还是合作伙伴，都明知道他有这么多事儿，还乐意跟他合作，这恐怕也是个奇迹了！"我现在有四个老板，但是我特别挑选了四个不同的业态，让这四件事彼此没有利益冲突和交集。谈合作的时候，我跟每个老板都实话实说，我前头还有三个活儿，都是什么情况，摆明了我自己的状况，让他们来判断，如果仍然乐意合作，再继续谈。我不骗人，也不忽悠，他们应该都是被我的诚意所打动吧。"

用赵斌的话说，做人做事和做菜是同一个道理，都需要彼此适合。如果调料放得不适合，那么菜的味道不佳；如果合作的人不适合，生意也做不成。"就像谈恋爱，一开始目标就不一致，那怎么也谈不成。不管是什么样的餐馆，首先考虑的都是食客的定位，这个定位精准了，其他问题才好继续。"赵斌的个性中是有喜剧天分的，但他骨子里其实很严谨，不管是自己做主厨，还是后来当老板，做事都很细致认真。

如今，赵斌自己投资的酒楼顺风四季开业有段时间了，生意也是相当不错。赵斌说，从主厨到老板，他也经历了角色上的转换。尽管变成老板了，但因为主厨的路他走过，所以，他很了解，厨师们的需求是什么。他经常跟自己的厨师长聊天，分享做菜做人的心得。赵斌说，这些年，他最大的收益就是他对生活的态度。"生活本来就够累的了，做人就简单点儿吧，别再想那么多了！好多人看过我的朋友圈都问我，你成天除了吃饭，还干别的事儿吗？我也会遇到糟心的人，也有糟心的事儿，但我都不会去计较，不会想太多，所有的事儿，睡一觉醒来就过去了。我的原则就是'报喜不报忧'。我把当厨师的快乐天天播报出来，让更多的人知道厨师行业的乐趣。"

我问他当厨师这么多年，有没有什么菜或者什么经历是最让他难忘的，他摇摇头说，没有。因为不管成绩也好，伤痛也罢，都会过去。既然过去了，对他而言，就没必要再去谨记。"简简单单做事，简简单单生活。"这就是他对自己最明确的定位。

金汤碧绿豆腐

主料
无糖豆浆1000g，鸡蛋14个

配料
菠菜叶、南瓜、蟹味菇、白玉菇均少许

调料
生粉，盐，鸡粉，胡椒粉，蚝油

制作步骤

① 菠菜取叶剁碎挤水备用，鸡蛋打匀加入豆浆搅拌均匀，加入盐、胡椒粉调味。

② 在托盘上平铺一层保鲜膜，把搅拌均匀的豆浆和鸡蛋倒在托盘里，表面均匀撒上刚刚备好的菠菜碎，蒸熟，放凉，切块备用。

③ 南瓜去皮，蒸熟，打碎，加入盐调味，把切好的豆腐放进油锅中炸至金黄色，入搅拌器打成汤，白玉菇、蟹味菇煸炒一下，加水，放蚝油、鸡粉调味打芡。

④ 用打好的金汤垫底，炸好的豆腐放在金汤上面，最后把烧好的蘑菇放在表面点缀即可。

大师私语

豆腐软嫩，蘑菇爽滑，有南瓜的清香味道。

青瓜炒杂菌

主料
杏鲍菇200克，鲜香菇100克，鲜鸡腿菇50克

配料
青瓜50克

调料
李锦记蒸鱼豉油

制 作 步 骤

① 把杏鲍菇切成长5厘米、宽3厘米的长方形的片，每个鲜香菇均匀地切成3块，鲜鸡腿菇、青瓜斜刀切片。

② 锅中放油，把杏鲍菇、鲜香菇、鲜鸡腿菇放入油锅中炸至金黄色，青瓜放入锅中炒出香味，把炸好的蘑菇放入锅中，均匀地烹上蒸鱼豉油，翻均匀出锅即可。

大 师 私 语

　　蘑菇清香，配有黄瓜淡淡的香味。

·有·滋·有·味·

142

大 师 眼 中 的 我

她的人缘跟我一样好

　　上过她主持的节目，当时就觉得这姑娘很爽利，没架子，对美食也挺懂行的。后来细想想，我俩都没一起吃过一顿饭，还时不时就彼此帮个小忙。这就是缘分吧。因为她在这个圈子里跟我一样，都特有人缘。

好厨师无他，唯有热爱

从业15年，多年星级厨房工作经验，在国宴菜、官府菜及创意融合菜的制作上有独到之处。曾任北京获麒商务会所总厨、德太楼饮食有限责任公司总厨、鲍鱼王品鲜堂总厨，现任蓝调庄园行政总厨。

陈 博

陈博很年轻，他作为北京蓝调庄园的行政总厨，掌管着六七个不同风格、不同口味的餐厅，还经常带领他下面的厨师，在同一天里接下几百人的婚宴。最令我惊奇的是他为蓝调庄园婚宴而独创的那些寓意、口味都非常美好的婚宴菜肴。他说，无他，唯有热爱。

好哥们儿无他，唯有信任

跟陈博第一次见面，不是因为做节目，而是一个偶然，当天我本来约好了跟厨艺大师王海东学菜，结果海东临时有事，就推荐我去蓝调庄园找行政总厨陈博。我开始心里还有点儿打鼓，想着也没见过人家，就海东的一个电话，我这么冒昧地过去合适吗？等见到陈博时，发现他很年轻，胖胖的圆脸上，一双小眼睛笑眯眯的，这种笑眯眯的样子给人一种憨直、亲切之感，完全没有了距离感。

陈博本想帮我选一道餐厅的招牌菜和一道高档菜。但我跟他说想学接地气的、老百姓在家就能做的菜。他听完跑去厨房溜了一圈儿，回来跟我说："学个汆鱼头吧，鱼头刚买回来，特别新鲜。而且这个菜比较简单，省事。一家几口人，来一个大鱼头基本上够吃了，小火慢炖比较入味下饭。就算是家里来客人，这也是一道非常拿得出手的菜。"于是就这么定了。

说起来有点尴尬，学菜当天，我不知道是哪跟筋搭错了，从头到尾都把陈博的姓记错了，始终认为他姓钱，叫了一下午的"钱大厨"。陈博也不"揭穿"我，就一直"嗯嗯嗯"地答应着。直到学完菜，晚上一起吃饭，同事才提醒我说，人家姓陈，不姓钱。我当时很不好意思，起身敬他一杯酒，我说："陈博，不好意思啊。我可能是太希望你发财了，所以就一直想着你姓钱，希望我这么叫着叫着，你的财运就被我给叫来了吧。"

跟陈博慢慢混熟了，发现他其实特别仗义，也特别细心。拍摄《上菜》的收官之作期间，我们整个组都到了蓝调庄园，陈博一个人忙前忙后张罗着做菜不说，还能分神记住每个人的喜好，就连我习惯早上喝一杯咖啡这样的小事，他也记得一清二楚，每天早上看到我，就会帮我准备一杯咖啡。虽然后来见面的机会并不多，但他经常在微信里跟我讨论一些餐饮文化的话题，用他的话说，这就是小型的业务交流。而每年蓝调庄园薰衣草绽放的季节，也必然能收到他的邀请电话。

好厨艺无他，唯有勤奋

陈博从入厨行当学徒，到成为厨师长经历了七八年时间，再到担任蓝调的行政总厨，也有七八年了，做这行已经是十五年多了。看他的长相，你很难相信他的经历，因为他看起来实在是太年轻了。其实，在成为厨师的这条路上，他走得也并非一帆风顺。

陈博说，他小时候就喜欢做菜，父母不在家的时候，就喜欢用家里的食材折腾，是特别爱创造、爱动手的小孩儿。刚开始做学徒，可能是为了考验他吃苦的能力，当时的老师安排陈博在前厅跟着传菜，几天适应下来，才被允许去厨房开始学习。"那段时间，刚离开父母、离开家，第一遭住宿舍，还是个条件艰苦的地下室，感觉真挺酸楚的。一周左右的时间，我才慢慢适应了。"

进入厨行之后，陈博才知道，原来做厨师不仅仅是炒菜这么简单。厨师的分工非常细致，什么红案、白案、炒锅、面点……他当时对自己到底应该往哪个方向发展并没有特别明确的概念。尤其是作为刚入门的学徒，他也不过就是从洗菜、切菜、配菜这些最基本的技术学起。一个偶然的机会，陈博接触到了食品雕刻技艺。"我第一次看到食品雕刻作品的时候，就觉得这真美啊，一把小刀就能让食材变成各种活灵活现的小动物或者其他漂亮的小东西。于是，我就利用业余时间报了一个雕刻班。"陈博每天从工作的餐厅下班后，骑车半小时赶到上课的地点，通常晚上十点左右，教雕刻的老师开始讲课，讲两个小时，下课时已经是午夜时分。"我们一个班大概十几个人，那会儿租了一个二十多平方米的小平房，老师下课回去了，剩下我们相互交流练习，练到一两点钟才睡觉。屋子太小了，放不下那么多张床，我们就打地铺，铺个床单就睡了，冬天的时候就靠一台小暖风机，夜里冻醒好几次。夏天没空调，热醒了就出去透透气。现在想起来，当时不知道是怎么挺过来的。"让陈博印象最深刻的是有几次在餐厅上班，杀鲑鱼时因为有毒的刺扎到手里，手都肿了，但他下班还是坚持去学雕刻。他说不清楚对这份技能的渴求到底有多迫切，只是觉得如果落了一节课，不知道怎么才能补回来。这份刻苦终于得到了回报，陈博的雕刻技术出师了，当跟他一起入行的学徒们薪水也就是一千出头时，陈博已经能每个月赚四五千块钱了。两年之后，他感觉到了危机，他觉得食品雕刻不能给他带来更大的发展空间，他还是渴望转行去做炒锅，于是他的厨艺生涯迎来了一次大转变……

"当时，朋友帮忙介绍了一家经营家常菜的小店，让我去那工作，同时也学炒锅。老板很直白地告诉我，我是来学炒菜的，薪水给不了太高，一千两百元一个月，这已经是照顾我了。"薪水骤减了四分之三，却并没有降低陈博学习炒菜的热情，相反，他还觉得这是走了捷径，"这个世界上，不可能事事都如愿，要达到自己的目标，有时候就是要暂时放弃一些东西。"之后的两三年时间，陈博都是在边学边干，他频繁地换工作，不是为了提升薪水水平，而是为了不断学习炒菜的技法，同时丰富自己的阅历。直到2005年，他遇到了现在的恩师，国际烹饪艺术大师屈浩。"2005年时，我还在雕刻与热菜之间徘徊。毕竟，当时雕刻已经做得不错了，出过书，在食品雕刻领域也有人叫我师父了。可转到炒锅，我却还只是个小学徒。虽然转炒锅的信念没变，但有时候难免踌躇。认识了屈老师，我立马有了归属感。当时还没想到拜师那么远，只想着跟屈老师认认真真地学厨艺。学着学着，时机成熟，我成了屈老师的弟子，师父真是在我人生中对我影响非常深远的人，不管是在厨艺上，还是在做人方面，我都从他身上获益良多。"

好创意无他，唯有用心

来到蓝调庄园担任行政总厨对于陈博而言，是一种全新的体验。他其实是这里的元老级人物，他刚来时，蓝调庄园仅仅是刚刚起步，如今这里已经成为北京最著名的度假庄园以及喜庆婚宴文化的基地。他和他的厨师团队经常在一个周末能接到N拨结婚的预定，在婚礼高峰期的那几个月，他们每个周末几乎都像是在打仗。婚庆宴席跟普通的社会餐饮差异其实非常大。为了突出这种喜庆的婚宴文化，陈博充分发挥了自己的琢磨劲儿，用心设计了不少独特的婚宴菜肴，这些菜不仅味道好，寓意也好，让那些来蓝调庄园办婚宴的新人喜不自禁。

提到这些创意菜，陈博又笑得眯起了眼睛，他说："当学徒的时候不用有思想，师父怎么说你就怎么做。但成为厨师长，甚至行政总厨之后，就必须要将自己学过的知识以及自己的阅历融会贯通，才能制作出最适合这家店的菜品，在给店铺创造价值的同时，也能丰富自己。"

陈博最得意的婚宴创意菜，一道名为"生命之源"，一道名为"打动你的心"。"生命之源"是利用了最近非常流行的分子厨艺来制作的。一个模拟的巢穴中，两只刚刚孵出来的小鸡和几枚磕破的蛋壳静静地躺在其中，旁边还撒着小米。栩栩如生的小鸡吃米图象征着新生命的诞生。食客吃的时候，仿佛是将生鸡蛋喝进嘴里。其实，那蛋壳中的"蛋清"是用银耳羹制作的，而"蛋黄"则是南瓜做的。分子厨艺的运用，让这道创意菜将造型和寓意都发挥到了极致。而"打动你的心"则是在心形的提拉米苏的外层用粉红的糖制作一个糖球，扣在心形的蛋糕上。吃的时候，新人们携手将糖球敲碎。这个菜外形漂亮、寓意美好，成为蓝调庄园婚宴上的必备菜式。

他这些主意到底是怎么想出来的？他说，下班之后琢磨呗。"创意源于两个方面，首先是厨师精湛的厨艺，其次是对自己管理的店铺特色的精准把握。没有精湛的基本功作为基础，所有的创新就都没了根基。而如果不了解店铺的特色，创意出来的菜式根本不适合店铺，即便这个创意再好也是失败的。这么多年经验积累下来，我已经深刻地明白了一个道理，创意容易被复制，而技术是很难被复制的。菜的样子很容易一模一样，但入口味道如何，只有靠食客来检验！所以，不管到什么时候，创新都需要有精湛的厨艺做基础。"

下一步，陈博的创意计划是——营养。因为蓝调庄园的特殊性，他们有自己的菜园，种植了大量的有机蔬菜，这些有机蔬菜正在被陈博一点点搬上餐桌。他说，他不在意一定要做什么菜系的某个菜品，好吃又有营养的菜就是他的追求。

家中味垮炖鱼头

主料
千岛湖鱼头1500克

配料
葱50克，姜50克，蒜50克，干辣椒段10克，八角10克，整个尖椒，香菜

调料
甜面酱，海鲜酱，黄豆酱油，米醋，料酒，胡椒粉，糖，鸡精，味精

制作步骤

① 先将鱼头从背部一分为二，洗净。

② 热锅下大油、八角、葱、姜、蒜煸香，放入甜面酱、海鲜酱各15克，黄豆酱油10克，米醋100克，料酒少许，鲜汤3斤，开锅下鱼头，胡椒粉、糖、鸡精、味精少许，放入整个尖椒、香菜，盖上盖儿15分钟收汁出锅。

③ 另起锅放入油，加入花椒、辣椒、小葱段烧热，趁着油热浇在鱼头上即可。

大师私语

这道菜做法简单，口味却浓香咸鲜，特别适合家庭、朋友聚会时作为宴客菜。

香煎土豆饼

主料

土豆500克

配料

牛奶15克，芝士25克，午餐肉50克，青红尖椒粒5克，干

葱粒5克，黄油30克，虾仁35克

调料

椒盐

制 作 步 骤

① 土豆蒸熟，去皮剁成泥状。

② 在土豆泥中加入牛奶、芝士、切碎的午餐肉和虾仁，加入少许盐制作成饼状。

③ 不粘锅加入黄油，将土豆饼煎成金黄色备用。

④ 往锅中加入黄油、干葱粒、青红尖椒粒煸香，放入煎好的土豆饼，煎出浓郁的香味，撒入椒盐调和均匀即可。

大 师 私 语

土豆营养丰富，这款菜融入了一些西餐的技法和食材，加入了芝士、牛奶等，让土豆的口感更丰富。看上去色泽金黄，吃起来外酥里糯、口味咸鲜、奶香浓郁，又不失土豆的清香味道。

烹汁和牛粒

主料

牛柳500克

配料

鲜花椒15克，干辣椒丝35克，生粉10克，鸡蛋

调料

味达美酱油15克，美极鲜酱油10克，生抽10克，蚝油15克，黑胡椒粒5克

制作步骤

① 牛柳切成2厘米见方的小块，加入味达美酱油、美极鲜酱油、生抽、蚝油、黑胡椒粒腌渍一会儿，腌入底味。再加入鸡蛋、生粉上浆。

② 平底锅烧热，下底油，放入牛肉粒，小火煎至两面金黄，基本八成熟，出锅备用。

③ 另起锅热油，下入鲜花椒、辣椒丝煸炒出香味，下牛肉粒翻匀，出锅装盘即可。

大师私语

这道菜做法简单，口味咸鲜，带微微麻辣的香味，特别开胃。

大 师 眼 中 的 我

令人惊艳的美女

    这年头见了太多为了保持身材这不吃那不吃的美女，见到吴冰这样爱吃喜做的，实在是太难得了。烹饪是一门最最基础的艺术，喜欢烹饪的人都是艺术家。她还主持美食的节目，能作为一个特别好的窗口，把这些关于美食的方方面面的东西传扬出去。

厨行顽主

陈 庆

孔乙己尚宴研发及出品总厨，中国烹饪大师。中国营养协会高级营养师、中国药膳协会药膳师、中国烹饪协会全国餐饮资格二级评委、世界中国烹饪联合会名厨委委员。曾参与中央、北京及多家地方电视台、电台的节目录制，是陈晓卿导演的《舌尖上的中国》的出镜厨师。

每每想到陈庆，总忍不住想起"顽主"这个词。所谓顽主，其实是一种老北京慢慢消逝的文化。虽然这类人物多少有点儿不务正业，却绝对不是不学无术。而陈庆对待厨艺，就给我这样的感觉，胸藏锦绣，以一本正经的态度在"玩"，他用各色食材当玩具，玩出了花样儿，也玩得兢兢业业。

一道"高定"菜

我喜欢陈庆时下任职的孔乙己尚宴后海店。店里有一个大大的露台，初夏时，坐在那儿看着什刹海的波光，听风吹着树叶的沙沙声，跟他一起，喝着茶，聊着天，时不时能看到他身后的院墙上，跳过一只胖胖的喜鹊，跑过一只肥肥的猫……这样的感觉就叫作惬意，这样的心情就叫作熨帖……

因为陈庆一直跟节目组有很多合作，几乎每个月我们都会见面。他光头，头巾不知道有多少条，每次录像时戴的都不一样，或艳丽或清雅，或火热或低调，风格迥异，富于变化，如他的人，亦如他的菜。

跟陈庆学菜，他问我喜欢什么菜，我说最近吃素，想学个素菜，他竟特意根据我的个性帮我定制了一道菜。菜品端上桌，一只半圆形的小包子倒立着倾斜在盘子里，香气扑鼻。我忍不住问："这包子，怎么褶儿朝下啊！"陈庆笑了，回答说："这才像你啊！"陈庆说，他创意的来源是我爱笑的个性，包子倾斜着摆盘，一头儿微微翘起，仿佛歪着头，既俏皮，又有趣，就像我在录影累的时候讲笑话给大家听。而盘边的小小装饰，陈庆也动了一番心思。"我最早的设计是要在盘边加上一圈装饰的，画完了一看，太满了，感觉不像吴冰，所以，我就减了，变成了半圈，一下子感觉就对了，这才是她，短发的、利落干练的她。"一道菜咱还"高级定制"啊？我打趣陈庆。他笑答："有些时候，人是要跟菜相匹配的，尤其是教你做菜，当然要教你喜欢的、适合你的菜。"

陈庆说，他喜欢给人定制菜，因为每个人喜欢的菜品本来就是因人而异的。"每个人都有自己的特点，如果一名厨师，能通过观察客人的样貌、谈吐去参透客人的喜好，且能将这些喜好结合到菜品中，让一桌菜品变得有特色，一下子就能抓住客人的眼球，这就是一个厨师最成功的表现。"

落榜于"黄埔军校"，自学拿世界金奖

陈庆说，他小时候挨过饿。那种对饿与生俱来的恐惧心理，影响了他对未来工作的选择。"在我爸妈的印象中，当年能吃饱饭的职业就是厨师。"而陈庆更是从5岁开始就能自己生火做饭。也许，这就是他厨师生涯的起点。十几岁时，陈庆收到了一份礼物，是一本名为《香港菜》的书，书里介绍的都是珍贵的食材，龙虾、鱼翅、海参、鲍鱼……在陈庆的眼里，这些全是好吃的啊！这让他感觉做厨师可能真的不错！而真正帮他坚定了进入厨行的决心的，是他在台湾地区的姑姑。姑姑告诉他，当厨师好啊，可以去全世界免费旅游。这一句话，仿佛打开了陈庆的眼界，也打开了陈庆的心门。

决心虽然下了，陈庆从厨的道路却并不顺利，他在报考劲松职高时，意外地落榜了。不能走常规的途径，陈庆就想方设法离自己的梦想近一点儿，他选择了去刷碗。默默地刷了9个月的碗后，他被厨师看中，说："这孩子能当厨师。"但这句话并没有让陈庆的命运改变多少，他开始在厨房打杂。4点起床负责酒店的早餐，虽然仅仅是简单炒个河粉、煎个鸡蛋，再然后，去小酒店学炒锅……

艰辛自不必言说，但陈庆人勤快、脑子活，因此学得了一手好手艺，也拜了名师，更在多年的厨师生涯中拿了不少比赛的大奖。再加上他性格乐观豁达，口才也好，于是成为各大电台、电视台美食类节目争抢的热门嘉宾，他甚至还时常客串一下主持人……他就是这样一步步走上厨师的道路，离自己的梦想越来越近。在这些经历中，有两件事让陈庆津津乐道——

"2011年，我去台湾地区参加世界厨王争霸赛，我当时拿了专业组的第一名，颁奖典礼都没参加，就直接坐车跑去台中看我姑姑。当时她已经90多岁了。我把这些年的经历讲给她听，把我出的书也送给她。老太太特别开心，是因为她当年的一句话，改变了一个人的人生；而我开心则是因为我是当时家里的亲戚中，第一个来台湾地区看望她的。这也是我当年暗暗许下的心愿。"

另一件事，提起来就让陈庆尴尬中带着欣慰。"李锦记出钱牵头，找了我和劲松职高的贺校长，还有圈里的一些人，联合创立了一个宏志班。从全国16个最贫困的区县选择父母双下岗的学生来劲松职高读书，而我会定期去给这些孩子讲课。贺校长经常说，庆儿干了一件好事，因为这个班改变了这些孩子的一生，同时也改变了这些孩子的家庭。我没想那么多，我就觉得这是帮孩子们打开了一扇门，一扇通往这个世界的，能让他们不挨饿、好好生活的门。"

当年宏志班开课的时候，贺校长非让陈庆讲两句，他一上台就有点儿激动，对孩子们说："这儿就是中国烹饪的黄埔军校，你们要珍惜这次机会，想当初，我可是连在这儿旁听都没戏呢！"陈庆说，这些孩子朴实，他想帮助他们。于他而言，这是一件小事，对于这些孩子，可能就是一个机会。"我现在都不让人称呼我为烹饪大师，我只能说，我是个做饭的，我有可能算是个有头有脸的做饭的。大师，我还不够格。我心目中的大师，都是我师父他们那辈的人。我还在努力，努力做好自己的工作，努力去帮助能帮助的人。"

陈庆说，他从假日酒店离职回到北京之后，靠卖菜过了好几个月。那时候，他已经是创意总监了，怎么还卖菜呢？他所谓的"卖菜"是加了引号的！陈庆脑子活、见识广，又爱琢磨，因此，他算是京城厨行里最早做意境菜的厨师之一。"当年也没有什么创意菜，我有想法能做成新奇的菜，就卖我的创意——拿着菜品的照片，到处问：站着的菠菜你要吗，这个莴笋的造型你要吗？"陈庆说，那就是卖菜，而他现在的理想是"玩菜"。

到底为什么要让菠菜站起来？难道真是因为他个性中的特立独行在起作用？厨师，烹制一道美味是根本，到底是什么机缘，让陈庆开始想玩菜？

"2007年，很多当时烹饪界的大腕儿都意识到，中国菜发展到了一个瓶颈。不变革，就意味着永远没法跟国际接轨，外国人眼里的中国菜就永远停留在大圆桌、两尺大盘上了。"

那段时间，为了寻求与国际餐饮界对接的接口，厨师们纷纷做出改变，所谓的"融合菜"一度大行其道。然而，所谓的融合成功吗？到底是融合了什么？是真正将中西方烹饪的精髓相融合，还是只抄袭了西餐的摆盘，甚至，只是照搬了西餐的烹调方法，而将中餐改得面目全非？"融合菜，英文名字是fusion food，我却觉得绝大多数的融合菜都是创伤菜，付出了很大的代价，颠覆了之前的所有想法，不断试验，不断探索……直到大董先生提出了'意境菜'的概念。"

陈庆说，中国的意境菜走过了一段艰辛的道路——最开始，大家看了说，这哪里是中餐，明明就是西餐。于是，改为混搭，混搭之后，给人的感觉就是模仿西餐。再然后大董先生说，其实，可以做中国的"意境菜"，大家才恍然大悟，确定了自己的方向和定位。陈庆说，在意境菜的烹调上，他算是先锋之一，当时，他们"京城四少"都是意境菜的先锋。我对"京城四少"这个绰号颇有兴趣。"这个名头是孟凡贵老师给起的。我是老三，老四是郝文杰，老二邢卫东，老大是余梅胜。这个名头第一次出现是在中烹协帮忙联系的一个新闻发布会上，孟凡贵老师担当主持人，我们四个负责活动的菜品制作。当时孟老师说，我给大家介绍四位非常有创意的厨师，他们的名字是'京城四少'。话音刚落，台下一片哗然，连我们四个都被惊着啦！但等大家看了我们四个人的展台，全都被惊艳了，纷纷议论——原来中国菜还能这么做！"

2011年，陈庆参加了央视二套的《厨王争霸》，这个节目确定了他玩菜的想法。"跟法国厨师一起比赛，全部赛制均采用盲评。节目组找到我的时候，我正在盯着新店的装修。所以，什么都没准备，现场才决定要做什么菜。而我恰恰喜欢这样的氛围，太有挑战性了！如果你没想法、没创意，那参加这种比赛就完全没意义。这才是真正的玩菜，玩到极致！"

陈庆说的"玩"完全基于他的基本功，有着扎实的烹饪功底，结合他的眼界、想法，他才敢放开胆量去玩。陈庆说，他在国外看过一档节目，叫《裸体厨师》，他对这个节目非常推崇。节目给厨师设定了严格的限制，让厨师在几乎什么都没有的情况下烹饪出美味。陈庆说，这才是美食的巅峰，才是玩的极致，如果没有扎实的功底，就会在镜头里被玩死。我不禁脑补了一下：一个戴着鲜艳头巾的中国厨师，带着特有的坏坏的笑容，在这档节目中，做了一道又一道令老外们大跌眼镜的中国意境菜，相信在不远的将来，陈庆就也会有资格去那样的节目中"玩"了。

黑松露脆皮素菜包

主料
黑松露酱30克，越南网皮1张，素菜包1个，鸡蛋1只

配料
松露油20克，黑色调合醋少许，香椿苗少许，食用花少许，食用香草少许

 制 作 步 骤

① 先将素菜包上笼蒸5分钟后备用，起热盘淋黑色醋、撒香草花朵备用。鸡蛋打散备用。

② 起锅淋松露油，先煎素菜包，正面煎成金黄色，背面刷蛋液，粘上网皮煎成金黄色出锅，装入盘中淋上黑松露酱，装饰香椿苗即可。

造型有趣，香味浓郁，且是素菜包，不会感觉油腻。

大 师 眼 中 的 我

她是一只聪明敬业的小"猫妖"

我老觉得吴冰是只小猫妖，首先，聪明啊，脑子好使极了！其次，敬业！在片场不管是穿着多高的高跟鞋，都勤快利落。我老觉得她是从我眼前飘过去的，就像个小妖精一样。你说她不累吗？她累着呢！别看她在镜头前永远神采奕奕，但是，从台上下来她经常睡"猫觉"，不拘长短，就是养精蓄锐。说白了，还是太累了，如果不休息一会儿，她担心影响之后节目录制的效果。

百变星厨

中国烹饪大师、北京烹饪大师、中餐烹饪高级技师、国家高级营养配餐师、国家职业技术高级考评员，参与中央电视台四个美食栏目的拍摄，另在北京卫视等十几个卫视参与拍摄美食节目，现任北京天鹅会所副总兼行政总厨、北京民德居餐饮管理有限公司法人。

夏　天

他的人生里，变化是一种常态，他无法忍受一成不变的生活，甚至不喜欢每天只炒那几道拿手菜，在最成功的巅峰时刻，他往往在思变，或者已经在变化的过程之中……

学艺中的超级变变变

夏天出生在一个军人家庭，父亲是飞行员，母亲在一家大型工厂工作，工作忙碌又要强的父母没有太多时间管教夏天和姐姐。而夏天又天生就是不安分的性格，很快就成了兵营里出了名的孩子王。调皮捣蛋的事儿、助人为乐的事儿，都没少干，就是基本上没干过什么循规蹈矩的事儿。夏天说，对于美食的喜爱也来自童年。当时，母亲的工厂有个图书室，业余时间员工和家属可以去借阅书籍，而小小的他只要去了，就会看美食杂志，因为其他的书字太多，看不懂，可美食杂志里有漂亮的食物照片。也许就是被这些美食照片吸引，夏天选择了去学校里系统地学习烹饪。毕业实习时，他又因为运气好，直接进入了一家大宾馆实习。

夏天说，他真的是命好。厨行里有句话说：三年剥葱，三年剥蒜，三年杀鱼，才能摸到红案的边儿，才有机会炒菜。而他一入宾馆，不仅有机会接触炒锅，甚至还能挑拣。"别看我天不怕地不怕，就怕蛙类。因为这个忌讳，我没选择粤菜——粤菜里有蛙类食材。川菜也不好，太辣了。这么一挑拣就剩下西餐和淮扬菜了，西餐更不行了，闻着味道都不喜欢，于是就选了淮扬菜。"夏天用了六年的时间，从白丁变成了炒锅的领班。其实，这是非常辛苦和不容易的过程。而此时的夏天开始思变，他想去学雕刻了。

"当时在宾馆实习，凉菜间的大师傅见我喜欢，就抽空教过我。后来他罹患腰椎间盘突出，病休了大概一年的时间，那边没有适合的人，就把我调过去了。我就又在凉菜间里巩固了我的刀功以及摆盘的技能。"这一调就是三年半，夏天说，当时的他年轻气盛，性格不太讨喜，于是就又被从凉菜间给调到了砧板。所谓砧板就是负责切菜、配菜的部门，属于厨房里的配合部门，相对比较边缘，他却又踏踏实实地在这儿待了三年。"这三年又把我的刀功给磨砺了一番，我实在是喜欢不停地学各种不同东西。"三年之后，头儿都看不过眼了，又把夏天调回了炒锅，不过却换了一家餐厅去学习粤菜。

"你还真喜欢到处跑！"我忍不住调侃夏天。"没错，我不到17岁进宾馆实习，就是实习生中最不踏实、最不老实的那个。那会儿我们宾馆如果接待重要的大型活动，开前期动员会时，总经理就会跟所有的厨房老大交代一句：'夏天这段时间就不要乱跑了！'因为我那时候只要有空，就指不定钻哪儿学技术去了。"

夏天说，他骨子里的傲气可能来自母亲的遗传。"我妈就特要强，她告诉我做人做事，不蒸馒头争口气。这种个性就表现在我学习雕刻的过程中。当时有次特别好的机会，我没赶上，等知道消息，人家雕刻展台都布置完了，我只能看看人家的边角废料，就这样，还被总厨批评了。于是我就暗暗较劲儿，每天练习练到睡醒觉起床要把手指掰直。"一年后，夏天在北京市的一次食品雕刻比赛中获得了金牌。"学艺的时候，个性冲，不服人，但服技术，只要你技术比我好，我就十二万分地尊重你，跟你好好学。"

夏天学艺时期的变变变我没机会参与，我跟他的相识，是因为他工作方面的转变。从宾馆离职之后的夏天，仍然没有停止学习。当时北京正流行粤菜，尤其是主打高档食材燕鲍翅肚的粤菜馆。而夏天机缘巧合地跟着香港福满楼的老大从烧味开始，学起了粤菜。

于是，当夏天有机会自己独当一面时，他做的也是高端餐饮。最忙碌的时期，夏天一个人管理着五家投资过亿的会所，而且，这些会所提供的都是菜品的定制服务，是没有菜单的。也就是说客人来了，不能点菜，厨师做什么，客人吃什么。"我会跟客人说，我听得懂食物的语言，这个不是装，是真实存在的。一个大厨的心情会影响他炒出来菜品的味道。一个厨师，对自己所使用的食材的特性如果不了解，如何才能把食材的本味发挥到极致？"

当时的他特别累，因为每天都要去琢磨——琢磨客人、琢磨菜、琢磨搭配。"我的餐厅都没有菜单。客人只需要告诉我，想花多少钱，有什么饮食禁忌，我就会根据客人提供的资料、当时的节气、应季的食材，结合整张宴会菜单的颜色、味道、烹调方法以及营养搭配，为客人定制一份个性化的菜单。世界上什么最奢侈？私人定制。我在十年前就在做餐饮的私人定制了。这是一件很有趣的事，需要我不停地去解读客人，解读他们内心里的真实需求。这就让我形成了一个习惯，我售卖的不仅仅是我的菜，还是我的理念，我要让客人跟着我的思路走，让他们认可我的菜单是不能选择的，但却是最好的。后来我才知道，原来很多米其林大厨也是不能点菜的。"尽管难，尽管累，但夏天甘之如饴，他开玩笑地说，"这样才有挑战嘛！让我每天就炒那么几个拿手菜，我是受不了的，所以，我干不了百年老店，我永远要有新鲜感，要有变化。"

2014年底，喜欢新鲜感的夏天调整了自己的职业规划——他开始热衷于参加各个电视台的美食节目的录制，去各大媒体上分享自己关于美食的理念和想法。也就是在这段时间里，我们一起录制了多期节目，从陌生人变成了好朋友。据说，他的朋友给他做了一份统计，2015年度，他是中国出镜率最高的大厨。

因为有了这么多档节目要参与，夏天变得极其忙碌，在北京的时间更是越来越少，跑的地方多了，做的节目多了，夏天也越来越淡定。他说，这段时间，他最爱的一个创意节目叫《厨行侠》，印象最深刻的是在意大利的一次私宴。

中国和意大利文化交流，夏天被派往那不勒斯，去当地首富家里做一顿纯中式的晚宴。这意大利人的纯中式晚宴要怎么做？"很难，但挺有趣的！跟着他们家族的保镖出门采购，充分体验了霸气的感觉！回到一座有着三百多年历史的古堡中去做菜。用西餐刀切文思豆腐，用扒板炸奶酪拔丝，就是一句话，不行也得行！我们最终还是完成了，出色地完成了。最后一道煎饺上桌时，我给客人们介绍说，通常在我们中国吃饺子是要蘸醋的。没想到话音未落，主人就马上说：'我有醋啊。'结果拿出来的竟然是奶奶级的意大利葡萄醋。这醋的制作方法跟酿制葡萄酒一般无二，年份这么久的，价值不菲啊！拿来蘸饺子？心疼死我了！"现在提起这瓶醋，夏天还是咂舌不已。

《厨行侠》的节目，说起来也非常有趣。大厨被带到各种未知的自然环境中，要利用当时的炊具和能天然获得的食材，烹饪出最美味的食物。节目是周播的。最初开始录制的时候，四十几人的小分队，要先行去拍摄地点踩点儿、编写台本、编菜谱。随着去的地方越来越多，大家合作越来越顺畅，这些东西慢慢都在简化，随机应变成了这个节目的常态，这恰恰是夏天最喜欢的状态。

在金鞭溪的拍摄前，夏天掉到了溪水中。爬上来后，他竟然突发奇想，决定今天不用灶台做菜，而是用从金鞭溪里捞出来的鹅卵石，找木炭来烧烤河里捞上来的鱼虾。这个节目十分符合夏天好奇心强、喜欢挑战的个性，他驾驭起来游刃有余。

规划中的超级变变变

现在，在各大媒体上跟大家分享美食成了夏天的主业，虽然，他还很难接受自己的这种转型。"我没有离开我的本行，美食是我永远的追求。你看我手机里存着从网上下载的各种各样的菜谱，我也需要不断充电和学习。""这些菜谱不都很简单吗？是给厨艺菜鸟们看的啊！"我纳闷地问他。"也不尽然，每个菜谱都有其可以借鉴的地方。哪怕是很平常的菜，要做好也不容易。做厨师，最重要的是基本功，没有基本功什么也别提。你看我现在每天变来变去，但这些变化全都来自我多年前苦学苦练的基本功。"

夏天的微信头像是一张他自己的照片，碧水青山中一袭白色厨师服的他配上当下最热门的奶奶灰发色，别提多帅气了！如今的他签约了经纪公司，正在洽谈一些品牌代言的意向，而他自己的品牌也即将落地……

他的变化还在继续……

阳澄脆藕爆鲜虾

主料
阳澄湖莲藕2斤，高邮虾2袋

配料
鲜莲子半斤，银杏半斤，鸡头米1小袋，青红椒各1
个，荷花1朵

调料
盐，糖，油，生粉

制作步骤

① 鲜虾去虾线腌渍备用，莲藕去皮切成片改花刀，鲜莲子去皮，和鸡头米、银杏、莲藕等用沸水汆烫熟备用。

② 鲜虾滑油至熟捞取，锅里留少许油，将主辅料倒入勺中，调味装盘即可。

大师私语

　　以河虾的鲜甜、脆弹搭配藕的爽脆，再加上新鲜莲子，就是一道非常有特色的时令代表菜。

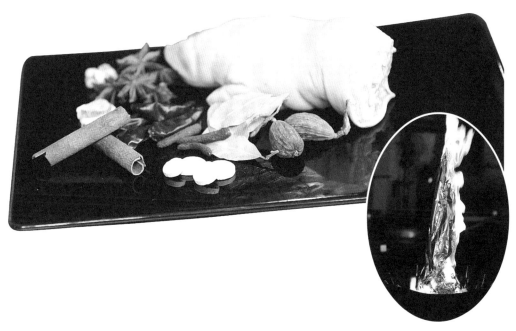

火焰开边猪手皇

主料

猪前手4个

配料

蒜，红椒，白醋

调料

自制潮州卤水，盐，酒精，锡纸

制作步骤

① 猪前手去毛洗净，从中间切开，冲水1~2个小时，然后沸水汆烫捞出洗净。

② 放入自制潮州卤水，小火煮40分钟，泡3个小时捞取出。

③ 猪手改成小件，把猪手包裹在隔热的锡纸里边，外面围着海盐，浇上高度白酒，此时点起明火烧炙一下，保持卤猪手的最佳温度。

大师私语

　　猪手在卤制的过程中，秘制香料的味道彻底渗入猪手中，让其酥烂，咸鲜香糯。最后阶段的明火烧炙，能够浓缩猪手里面的卤水味，让它的味道更加香浓。

大 师 眼 中 的 我

古灵精怪的小丫头

古灵精怪这个词特别适合用来形容吴冰。她喜欢美食，所以，很多时候，我们的沟通都不需要太多语言，她马上能领悟到我的意思，甚至能将我的想法提前说出来。她头脑灵活，不安于现状。

就想请你吃豆腐

北京百福来客餐饮管理有限公司董事长，"孙大嫩"酸浆豆腐品牌创始人，山东省非物质文化遗产十大模范传承人，国家高级烹饪技师。

孙怀兵

自古只听过"豆腐西施"的名号，没想到，如今这位"豆腐先生"在京城乃至全国也都颇具知名度。孙怀兵，来自山东邹平县南部山区的孙家峪村，凭借着自己的韧劲儿和钻研劲儿，将老家传承了六百多年的酸浆豆腐带到北京，甚至为该项技艺申请了省级非物质文化遗产。要知道，这酸浆豆腐，可是邹平县迄今为止唯一的一个省级非遗项目。

一颗执着的豆腐心

孙怀兵，身材微胖，圆圆的娃娃脸上戴着副眼镜，看上去非常年轻，给我的第一印象就像个混迹在中关村的IT精英男。跟孙怀兵熟识起来，了解了他的经历，发现他跟IT男之间还真存在着共性——那就是同样的严谨和执着。

每次跟孙怀兵一起做节目，都是录制跟豆腐有关的菜。在认识他之前，我知道有卤水豆腐，有石膏豆腐，还真不知道有种豆腐叫酸浆豆腐。跟孙怀兵聊天，他绝对是三句话不离豆腐。

1997年，年轻的孙怀兵怀里揣着50元钱和一颗火热的心从老家来到了北京。那时候的他还是懵懂的，不知道自己来北京要做什么，只想要离开小山村到大城市打拼出一番事业。然而，北京最初给他的印象，恐怕并不那么美好。没钱、没工作的他，只能先从最底层的工作做起，先后摆过地摊、卖过熟食，还曾在北京西客站做过保洁员。要知道，两年前，孙怀兵就已经在老家开过一家餐馆，也是当过老板的人了。这种身份上的落差，让他心里多少有些不是滋味。

北京物价高，孙怀兵当时也吃不起什么昂贵的食物，于是就经常买豆腐吃。在他老家，一直传承着用山涧泉水和黄豆制作酸浆豆腐的工艺，距今已有六百多年的历史。而孙怀兵正是孙家峪村酸浆豆腐技艺的第七代传人。孙怀兵说："在老家，豆腐做出来后，割上一小块，蘸着酱油尝鲜，那种清香的味道，真是难以形容！"然而，这北京城里的豆腐，吃起来却感觉怎么也比不上家乡的味儿。最初，孙怀兵以为是自己思乡情切，判断有失客观，后来了解了北京的豆腐市场，才发现不是那么回事。原来，北京市场上售卖的豆腐基本上都是卤水豆腐以及石膏豆腐，而孙怀兵的家乡吃的可都是酸浆豆腐。所谓酸浆豆腐，是采用传统酸浆点制的。酸浆就是在豆花凝结后舀出的清浆，经3~5天发酵制成的原浆。酸浆豆腐的整个制作过程都是纯手工的，包括选豆、浸泡、磨浆、杀沫、滤渣、煮浆、点酸浆、豆花成型、压包滤水等十多道工序，做出一块豆腐至少需要3个小时。而且，由于酸浆豆腐在制作的过程中，不添加任何添加剂，原料就是黄豆、水，以及传承百年、循环使用的酸浆，因此这种豆腐没有豆腥味，具有口感滑嫩、豆香浓郁、久煮不烂、入油锅越炸越大、保存时间较长等特色。对这酸浆豆腐口味的念念不忘加上对自家手艺的强烈自信，孙怀兵萌生了将这"纯天然"的健康食品引入京城的想法。

想法实施起来，却没那么容易。信心满满的孙怀兵第一次严格按照老家传承的做法在北京做出来的酸浆豆腐，吃起来的口感却远不如家乡的豆腐那样醇香。是制作的流程出了偏差？孙怀兵开始寻找问题的症结所在。"酸浆豆腐的制作工艺过于复杂，老家那边就流传着一句谚语'人生三大苦，撑船、打铁、做豆腐'。"虽然这做豆腐是一件苦活，但是在孙怀兵眼中却是一种技术，一种绝活儿。要知道，他老爸当年可是一丝不苟地将这整套的技术传授给他的，从小耳濡目染，对这套流程烂熟于心。孙怀兵细细思量之后，觉得这问题不是在制作工艺上。那么，是酸浆的问题？"酸浆豆腐，其关键在于酸浆。这酸浆是做豆腐的过程中盛出来的浆水，在老家做豆腐的老师傅们会将其盛放在一个专用的缸内，让其自身的乳酸菌发酵变酸，做一次豆腐留一次酸浆，循环使用。"这个原理有点像用"起子"蒸馒头，无须任何添加剂和化学物质，可谓"原汤做原食"。有了这个想法，孙怀兵马上回了趟老家，从老家带了老浆回北京，但也仍然没能制作出他心目中完美的酸浆豆腐。

随后孙怀兵为了找到答案，多次往返家乡和北京两地，穿梭于各相关研究机构和家乡的大小豆腐坊，用坏了20多台设备，总计用掉了10多吨的黄豆。最终，孙怀兵确定，这味道的差异多半是因为北京与老家的水质不同。老家做豆腐用的是山泉水，水质清洌、甘甜。这问题可有点麻烦了，总不能从老家源源不断往北京运水吧，更何况这运输的过程中也不能保证不影响水质啊！此时，孙怀兵的韧劲儿再一次发挥出来，他决定想办法改良北京的水质。为此，他找了不少专家，在专家们的帮助下，制造出了一种做豆腐专用的水处理设备，改善水中微量元素、矿物质及pH值。随着这台机器的问世，他终于做出了与老家的豆腐口感相似的酸浆豆腐。

两地悠长豆腐情

酸浆豆腐做出来了，孙怀兵却一直在思考，这老祖宗留下来的传统技艺该如何传承下去？孙怀兵说，他对于儿时老师傅们制作酸浆豆腐的场景依然记忆犹新。"天还黑着呢，我爸和豆腐坊的师傅们就忙碌起来。大豆和着清澈的山泉，流淌进古老的石磨，老师傅们推动三根木质把手，磨盘间流淌出雪白的豆浆。磨好的豆浆倒入大锅中煮沸，这期间还要不断捞起锅中的浮沫，倒入开水，不然豆浆是假沸腾，瞬间锅里全是泡沫。经过杀沫处理的豆浆，再煮沸的时候就不会产生新的泡沫，便于后续加工……而这豆腐好吃的秘密就藏在一口盛着黄色液体的大缸之中——酸浆。在酸浆的作用下，煮沸的豆浆缓缓凝结成豆花，一大锅豆浆逐渐变成了一大锅豆花。此时，再将滤掉豆花的浆液重新加回缸中，在乳酸菌的自然发酵下，这些液体又会变成新的酸浆。"

在孙家峪村，几百年来，人们都是依着这样古老的方法来做豆腐。村里有个面积近千平方米的广场，广场上整个地面均是由大小相同的石磨铺设而成，放眼望去足有近千张。这些石磨都是当地人家里的"传家宝"，一代代保留下来，每个磨的年龄少说也几百岁了。然而，由于制作酸浆豆腐的传统工艺太繁琐复杂，费的力气不少，挣的钱又不多，年轻人都不愿意干，老师傅们体力一天不如一天，即便是在其发源地孙家峪村，这门技术也快绝迹了。孙怀兵说，他从小跟着老爸学这门手艺，现在是在北京制作酸浆豆腐，每天当他亲手用酸浆点豆腐时，那种感觉都独特而奇妙。"在酸浆的作用下，煮沸的豆浆缓缓凝结成豆花，看上去更像是蛋花，很漂亮，犹如一件艺术品。"为了让更多人了解酸浆豆腐，让这门传统技艺得到更好的保护，孙怀兵走上了申请非物质文化遗产的道路。

"开始的时候，我根本不懂什么叫申遗！甚至不知道什么叫非物质文化遗产。2010年，我在参加一个电视节目的录制时，介绍了酸浆豆腐，就有观众跟我说，这豆腐这么好，又是手工制作的，应该申请非物质文化遗产啊！我当时正在思考关于技艺传承的问题，这一听就上心了，上网一查，我觉得咱这技艺肯定没问题，于是就开始着手申遗了。但隔行如隔山，没想到，这申遗比做豆腐可难多了！"

从两眼一抹黑开始，孙怀兵查阅了大量的资料，准备申遗所需的文件，撰写文案，甚至特意回老家去拍摄制作酸浆豆腐的视频，凭着一股子不达目的不罢休的劲儿，总算是把资料都准备齐全了。但是，这流程要怎么走呢？申请非物质文化遗产该往哪儿报批啊？这可难住了他。"当时，真是不知道这事儿归哪个部门管，我琢磨着毕竟是老家那边的技艺，怎么着也得先从老家着手，就找了市里的文化局。满以为本乡本土的总该有些了解吧，没想到，市里的文化局对于这技艺也是不太了解。"

于是，孙怀兵开始聘请专家，请相关部门的领导来家乡考察，而他自己俨然成了酸浆豆腐的推广大使，"记不清当时给多少人讲过酸浆豆腐了，也记不清找过多少位相关的领导。我这个人就这样，觉得这件事能行，就一定要把这事儿做好。"经历了无数次考察，无数次演示讲解，修改了无数次的文案，如今酸浆豆腐制作技艺已经成功成为山东省省级非物质文化遗产，而孙怀兵也正式成为这项技艺的传承人。对于传承人这个身份，孙怀兵感受到的更多是责任。"老祖宗留下来的好东西，再不好好保护，就都丢光了。我如今在老家成立了个邹平县豆腐文化协会，就是希望能继续保护和传承酸浆豆腐的制作技艺。"

十分美好豆腐味

作为一种食物，最重要的当然是被消费者所接受，好吃是第一位的。为了让酸浆豆腐能走入更多人的视野，孙怀兵开始琢磨开发酸浆豆腐的相关产品。他先是在北京开了一家经营"豆腐宴"的餐厅，主营的就是以酸浆豆腐为主打的菜肴，随即又推出了各种以酸浆为主角的菜式——酸浆鱼、酸浆鸭子、酸浆猪肚鸡、酸浆牛蛙等系列，说实话，他店里那道酸浆鱼，口味真是赞！更重要的是，这酸浆还被他开发成了饮料，吃饭时喝上几口，不仅解腻，还能解酒。

现在，孙怀兵更是注册了一个名为"孙大嫩"的牌子，专门推广酸浆豆腐。第一次听到这个名字，我扑哧笑出声来，问他怎么想到的这个名字，他说："朋友们都说，你的豆腐可真嫩啊！于是，我就想，那我就叫'孙大嫩'！"

孙怀兵仍在不断开发各种豆腐产品。他也始终记得家传的祖训："清清白白做豆腐，平平淡淡过日子。"

豆腐水饺

【主料】
绞两遍的猪五花肉馅750克，净虾仁200克，净马蹄200克，酸浆豆腐

【配料】
油菜或青菜

【调料】
盐，花椒7克，葱、姜各5克，胡椒粉3克，东古一品鲜20克，蚝油10克，香油10克

制 作 步 骤

① 葱、姜丝加清水100克浸泡20分钟备用，花椒加水大火煮开，小火5分钟出花椒水250克晾凉。

② 马蹄用刀轻拍切成绿豆大小的粒，虾仁刀拍后剁成泥备用。

③ 肉馅、虾仁放在盆中分5次加入葱姜水、花椒水，顺时针方向搅上劲，依次加入胡椒粉、蚝油、东古一品鲜、盐、香油、马蹄碎。

④ 豆腐制圆坯，片成饺子皮状置于纱布上，抹上肉馅，兜起纱布，豆腐皮对折，依次制作完成后，上蒸屉大火蒸8分钟后，浇上清汤调味，青菜点缀即可。

大 师 私 语

以豆腐作为水饺的皮，新鲜有趣，又健康。酸浆豆腐比较耐煮，进入锅中久煮也不会烂，适合用来制作水饺，口感也很绵软。

大 师 眼 中 的 我

聪明勤奋有韧性

　　我没想到，吴冰作为一名电视台的主持人，真的是要来好好学做菜的。跟她一起搭档主持的时候，就觉得她对于美食是真喜欢，有悟性，往往能举一反三。当她真的来我店里跟我学习酸浆豆腐水饺的制作时，我有点傻眼了，这么勤奋、这么执着的主持人，我还是第一次见到。教她时，也能明显感觉到她是"熟练工种"，一点就透。

吃出来的生意经

瑞士维多利亚大学工商管理学博士，北京大学公共经济管理研究中心特聘研究员，新加坡亚洲管理学院客座教授。1997年创立北京美味珍食品有限责任公司并担任董事长，2002年出任北京美味珍科技有限公司副总经理。

倪晓蓓

倪晓蓓给人的第一印象，是优雅的、美丽的、智慧的……反正无论如何也联想不到吃这件事情上来，可是，她偏偏有着爱吃的天性，还有一张会吃的嘴。因为自己喜欢吃佛跳墙，她不断研习，最终成就了全北京做佛跳墙最好的餐馆。现在的她还在将这份爱往更远的地方延伸……

爱到痴，从食客变身厨师

在北京最昂贵的CBD中心区，有一家经营满汉全席的餐厅，名为美味珍。而美味珍最抢眼的招牌莫过于能令舌尖惊艳的佛跳墙，以及能令眼睛惊艳的老板倪晓蓓。说起倪晓蓓，严格意义上来说她不是厨师，而是老板。而如果说到佛跳墙，她又比任何厨师都有发言权。我跟倪晓蓓相识，是因为我俩是高尔夫球的队友，打球时一见如故，聊天后发现，她是做餐饮行业的。更巧的是，她的名字跟我们节目制片人的名字仅仅一字之差，我们就开玩笑地说，他们应该是兄妹。说起佛跳墙，倪晓蓓可是有一肚子的故事要说。

1992年，倪晓蓓跟老公在上海南京路上发现了一家老餐厅，餐厅售卖的佛跳墙80元一盅。吃了一次之后，倪晓蓓就爱上了这个味道。即便是现在，每每回忆起那种味道，倪晓蓓还是难以忘怀："实在是太好吃了，从来没有喝到过味道如此极致的汤。家里做的汤也就是一般的西红柿蛋汤、黄瓜蛋汤，粤菜馆煲的汤即便口感厚重，味道却也是单一，多数是鸡汤、干贝汤。而佛跳墙不同，它是混合的口味，那么黏稠，那么浓郁，简直是不知道该怎么形容了。喝完那盅汤，嘴里一个小时都还有回味，一下子就爱上这种味道了。"

在上海工作生活的几年间，倪晓蓓成了这家餐馆的常客，而佛跳墙则是她每次必点的菜肴。回到北京之后，倪晓蓓却发现找不到类似的菜了，这让已经爱上了佛跳墙的她，只得开始"自己动手，丰衣足食"。倪晓蓓说，她在美食、烹饪方面是有天赋的。狂爱吃不说，舌头还特别好用。在餐厅吃了什么菜，就能记住味道，回家来操作就能模仿个八九不离十。"实在是想吃又找不到，就只能自己在家炖。当时完全不懂啊，干的鱼翅、鲍鱼直接就往汤里扔，结果炖了八九个小时，却发现食材咬上去还是硬的。当时在内地很难买到烹饪方面的书籍，就托朋友去香港买料理书。这一看书才知道，原来这些干货要先水发。就这么着慢慢学、慢慢琢磨，在家天天炖，每周只要有空就炖一盅。炖到快一千多盅的时候，我的佛跳墙就煲得非常好了。"

痴到迷，从厨师升格老板

1997年，北京国贸商城有一个二十平方米的小位置，倪晓蓓听说之后，就决定要开一家售卖佛跳墙的店。最初的迷你小店起名叫"美味珍山珍海味馆"，只有两张桌子，还有一圈儿吧台，吧台可以坐七八个人的样子。店太小了，所谓的后厨里只放得下一只大炖锅，每天都炖上一大锅佛跳墙，外加一个小小的电磁炉，用佛跳墙富余的汤来煮些面条、米粉。所以，当时倪晓蓓的店里只售卖两种食物：佛跳墙和高汤面。倪晓蓓会让店员每天在门口用小纸杯装了汤汁请路过的人品尝，作为一种小小的推广手段。而令她没想到的是，更好的推广是佛跳墙的香味。这家店实在是太小了，甚至不是全封闭的，店面没有顶棚，每天，佛跳墙炖好之后，满室飘香。只要一踏入国贸的门，就能闻到这股香气。倪晓蓓说，很多客人都是闻香而至。小店开业一个月以后就开始排队，之后生意就一直非常好，慢慢地，美味珍的佛跳墙，就在整个儿北京城都有了名气。1997年开了第一家店，1998年就扩大到了四张桌子，1998年底又扩大到九张桌子，而且有了三个包间。当时，泰国公主、香港凤凰卫视的高官，以及王菲、那英等影视圈的大腕们纷纷光顾。即使，当时的美味珍甚至连正经的菜系都还没有。

倪晓蓓说，迄今为止，店已经开了十八年了，而店里售卖的佛跳墙的配方也改了十几次了。这好吃的佛跳墙其实一直在变。"有时候，是我自己的想法，想着加这种食材好不好，加那种食材好不好？想到了就试，然后请客人尝。客人的意见最直接，好吃或者不好吃都会告诉我们。就是在这样不断地尝试和沟通当中，我们的佛跳墙才能达到极致。我加过很多海鲜，想调鲜味，发现不行。海鲜味太浓，会把佛跳墙的本味带进一个误区。还有段时间，我们加了菌类，比如竹荪，还放了一些其他的名贵菌类，想增加汤品的健康价值，结果发现也不行。这些菌类的味道会改变佛跳墙的味道，而且达不到让人回味的状态……所以，美味珍不知道尝试了多少种配方，有时候老顾客都能吃得出来，问我说汤的味道怎么又变了。"能如此"折腾"，归根结底还是因为爱，一定要先爱，才有热情、有动力去改良它，让它变得更好。

从自己在家里鼓捣变成了正经八百的店，倪晓蓓也从家里的厨师变成了餐厅的老板，但是，喜欢去厨房的爱好一直保留了下来。开店之初，她每天上班来的第一件事就是跑去厨房里跟厨师聊上一会儿。如果遇上重大活动或者重要的宴席，她更是会身着隆重的晚礼服溜进厨房，尝尝汤品是否对味。在这一点上，我跟倪晓蓓特别有共同语言，我俩都属于特爱往厨房里钻的女人。对于这个颇为特别的嗜好，倪晓蓓如是说："比如我公司的重大活动，或者电视台采访，我都会穿隆重的晚礼服，很多都是大裙子，每次我都得跟设计师说别做太长了，我还得往厨房跑，后来他们就都拿这事儿逗我。说给你做一个围裙得了，你也别穿晚礼服了。但每每遇到重大场合，我还会如此。我觉得我有强迫症，对自己要求特别严，越是这种重要的事情，越是非要自己亲自去尝，感觉一下当天的佛跳墙炖得好不好。"时至今日，那些厨师大都已经跟着倪晓蓓工作超过十五年了，对她的脾气秉性，包括对菜品的把握都精准至极，出现偏差的概率已经非常低。但倪晓蓓说，她还是会去厨房，虽然去的次数已经大大减少。她说，这是乐趣而非工作。

从迷到悟，从老板转型科研

到了1999年，倪晓蓓的美味珍已经第四次搬家扩大了，这时候，她感觉需要做一个正经的菜系，斟酌再三选定了满汉全席。"虽然选定了做满汉全席，但还是做了很多改良，因为很多珍贵的食材不能用，我们就从厨师的选择上，从菜品的精细程度上，还有从满汉全席的历史文化上去发掘，从服务，包括服务员的讲解上下功夫。"于是精致、精美的满汉全席就这样出现在了北京的CBD中央区。虽然有招牌的佛跳墙，倪晓蓓却并没有停下脚步。她找来了北京市最棒的面点师傅之一，推出了很多老北京的小点心，其中食客们最青睐的就是奶油炸糕。老北京人对奶油炸糕这道面点是有情结的，小时候在东安市场或者隆福寺四五毛钱一盘，一盘有四个，吃起来别提多香甜了。美味珍的奶油炸糕，个头儿够大，一个炸糕看上去就像一个小皮球。师傅虽然采用的是最传统的制作技法，但选料精良，因此口味非常地道不说，甚至比小时候吃到的更细腻。当年，泰国公主来吃饭还曾打包带走这儿的炸糕。

满汉全席，乍听起来仿佛很隆重，倪晓蓓自己也说，真正吃全席的基本都是一些大场面——老人寿宴、婚宴、满月酒，等等。如果是平时，一家人来随便聚餐，点上几道北京的小点心，再加上一些简单的菜式，其实是非常合适的。褡裢火烧、糖饼、奶油炸糕、豌豆黄、芸豆卷、小窝头……这些点心绝对不会因为小就降低水准。因为精致就是倪晓蓓的追求和要求。

做餐饮行业这十八年，倪晓蓓说，她其实多少摸到了一点儿门道。以前为了挑到可心的厨师，她曾经从早上九点开始试菜一直试到晚上六七点。整整一天的时间，不停地尝厨师们炒好的菜，几乎赶上我一天录N档节目时的频率了。我问她，这么试，对菜品还能有感觉吗，还能判断出厨师的优劣吗？她竟然很笃定地回答，能！"很多菜，我吃一口就知道行不行。其实有些菜我看一眼就知道行不行了，不用吃。因为从菜品就可以看到搭配的技巧、厨师的眼界……很多时候一道菜未必要吃进嘴里，就已经能给厨师打分了。"倪晓蓓也是因为有这么多年积累的经验，才能做出正确的判断。

现在的倪晓蓓有更多有趣的事情要做，她申请了专利，将招牌的佛跳墙做成了真空包装的形式，不添加任何防腐剂，完全依靠专利技术将食材的细胞和纤维还原成原本的样子。口味也基本不会改变。据说，这项技术之前是被应用于医药领域，如今，却被她拿来用在美食上。"其实，还有一些新的项目，新的领域，都是在食品方面的，我想把食品这件事做到极致。"

她还能创造出怎样极致的美味呢？

极致佛跳墙

主料

海参，鲍鱼，鱼翅，
干贝，鱼唇，花胶，
蛏子，火腿，猪肚，
羊肘，蹄尖，蹄筋，
鸡脯，鸭脯，鸡肫，
鸭肫，冬菇，冬笋

配料

姜片，葱段，桂皮，
干贝，绍酒，酱油，
猪骨汤

制 作 步 骤

① 将水发鱼翅去沙（鳞片），放进沸水锅中加葱段、姜片，将汤汁放进碗里，鱼翅上摆放猪肥膘肉，加绍酒，上笼屉用旺火蒸2小时取出，拣去肥膘肉。

② 鱼唇切块，放进沸水锅中焯水。金钱鲍放进笼屉中蒸熟。鸽蛋煮熟，去壳。配料分别处理。

③ 锅中留余油七成热时，将葱段、姜片下锅炒出香味后，辅料炒几下，加入酱油、冰糖、绍酒、骨汤、桂皮，加盖煮20分钟后，起锅，汤汁待用。

④ 将辅料装在容器中小火煨2小时后启盖，速将主料放入再煨1小时即可。

大 师 私 语

　　佛跳墙原料要选得好，同时也特别讲究投料的时间，在美味珍，一份佛跳墙要炖三天时间。第一遍汤要炖十几个小时，把渣子全部滤掉，然后再放第二遍料重新炖，这样才能保证通过两次熬制，让汤是老汤的口感，但是料还有嚼劲，既能品尝到汤的鲜美，又能感受到食材的最佳口味。

奶油炸糕

主料

面粉200克，鸡蛋100克，黄油15克，开水450毫升

调料

白糖

制作步骤

① 将450毫升开水倒入一个较大的钢盆，一次性把干面粉倒入开水中。

② 用木勺或擀面杖快速搅拌，搅拌均匀后关火。

③ 放入黄油块儿搅拌，搅拌到使油和面团充分融合为止。

④ 当温度降到50摄氏度至60摄氏度时，放入一枚鸡蛋，换木勺快速搅拌，搅拌到蛋液与面团充分融合为止。

⑤ 搅拌均匀后，放里第二枚鸡蛋，继续搅拌。直至搅拌到均匀蛋面充分融合为止。

⑥ 炒勺上火倒入凉油，双手涂抹少许烹调油，把搅好的面糊像挤丸子一样挤入锅中，个儿头大小要均匀，然后开中火，使油逐步升温，油温最高不超过六成热。要凉油下锅，用慢火来炸。

⑦ 炸糕浮出油面，要用木筷不停滚动炸糕，使之颜色均匀着色，炸至稍有膨胀爆裂便可出锅码盘。

⑧ 趁热撒上白糖即可。

大师私语

我们的奶油炸糕个儿头大，口感也别致，并且也不是特别油，蘸上白糖，一口咬下去真能吃出小时候的味道。

相似的人彼此欣赏

我眼中的吴冰是一个非常优秀的女性，她的经历有些地方跟我很像。最初进入主持这个行业的时候她也经历过一个低潮期，被人骂过，遭过别人的白眼。但她没放弃，而是自己默默努力。我仿佛看到自己当年刚进入餐饮行业时的影子，她跟我一样，都是对自己有很高要求的女人，我能看到她在不断充实自己。所以很自然地，我们彼此欣赏。

困难与挑战，都甘之如饴

林泉成

马来西亚籍美厨，1987年进入厨行，先后服务过阿拉伯塔迪拜U.A.E酒店、阿联酋迪拜朱美拉豆酒店、印尼泗水香格里拉酒店、北京国贸大酒店等，现任IHG洲际酒店集团大中华区集团行政总厨。

林泉成是马来西亚人，却因为工作的关系，有相当长的一段时间居住在中国。他是一个特别严谨认真的人，又贴心细腻到即便是好朋友也不敢随便在他面前流露出某些想法和要求。最难得的是，工作、生活和朋友，他永远都是笑着面对。他说，感谢生命中出现过的那些困难，以及那些曾经刁难过他的人，因为正是这些人和事让他不断成长，变得越来越成熟和坚强。

从贫寒的家境中走入厨行

林泉成出生在马来西亚一个家境普通的家庭，他是老大，下面有4个妹妹和2个弟弟，父母实在没有多余的时间照顾他们，几乎每天都在忙着赚钱养家糊口。幼时，没有玩具，小小的林泉成最爱做的事情，就是站在灶台边看母亲做饭。"我母亲手艺很好，会做很多吃食，卤鸭、酿豆腐、米酒、粽子……我童年里的大部分时光都是在厨房度过的，闻着、看着、吃着妈妈的味道长大。"这让林泉成慢慢喜欢上了做饭这件事，而他小时候的游戏也不过只有做饭而已。长大一些后，林泉成渐渐懂事，他知道父母没有能力供养家里所有的孩子读书。作为大哥，他想早点帮父母承担家庭的责任，于是就想学一门不用花太多钱又能赚钱的手艺。"厨师"这个词就是在这一刻跳入林泉成脑海的。

林泉成的表姐是开大排档的，于是林泉成就过去帮忙。"当年学徒很艰苦，别管你是谁，都得从底层做起。最开始要做的是厨房的清洁工作，就是刷盘子、洗碗、洗地、刷洗炉灶，等等。等这些都做到位了，才有机会接触到打荷、配菜方面的工作，其实也是打杂的。想上灶炒菜？哪有那么容易。当时的厨行，'教了徒弟，饿死师父'，所以，真正的老师傅并不那么乐意教徒弟。我都是自己长个心眼儿，一边干活儿一边看，把师傅们的动作、技巧和诀窍记在小本上。"就这样，慢慢地林泉成也熬到有了上灶的机会。最开始上灶不能直接给客人炒菜吃，而是要把手里所有的工作都做完，然后才能上灶炒个饭。先是给同事们吃，大家觉得味道不差了，才有机会炒了给客人吃。哪怕是这样，当时的林泉成也已经非常欣喜。学艺的经历不可谓不辛苦，但他，却是轻描淡写。林泉成就这样积累了经验，也学得了厨艺，开始在一些酒楼工作，并慢慢进入了不错的酒店担任厨师。

林泉成的厨师之路并没有仅仅停留在好好炒菜的层次，他的内心有着更高的目标——他要成为名厨，要有机会成为大酒店的行政总厨。所以，他开始下苦功。

"在酒店工作的时候，下了班我就会利用休息的时间去其他部门学东西。比如我是热菜的，通常2点半到5点半下班的这段时间里，我就会去点心部，学做点心，或者到烧腊那边去学习如何制作烧味，有时候也跑去西餐部学艺。只要有空闲的时间，我就去其他部门，哪怕只是看看，也很长见识。"林泉成的谦虚好学，也让他对烹饪保持着强烈的兴趣。不管工作时间多长，他都不会感觉到闷或者累。因为这些事情对他而言，都是那么有趣。即便是放假，林泉成也没有停下学习的脚步。每个周末休息逛街的时候，他会跑去菜市场和其他餐厅，去了解，去品味。如果有机会去其他城市、国家，林泉成最爱的景点也是当地最著名的菜市场和餐厅。一旦有机会拜见厨行的前辈，林泉成更是不会放过学习的机会，总是问个不停，仿佛一个好奇宝宝。

"就靠着这种好学的精神，我真是学到了不少东西，就连北方的抻面也学会了。"当然，谁会不喜欢谦虚好学的人呢？他这种好学的精神其实也并非天生，而是靠后天培养出来的。"一旦养成了学习习惯，就会发现每天的工作都能带来全新的内容，不会去想到底有多累、多腻、多烦，反而会很享受。你当工作是一个游戏，你认认真真地好好玩，那么你的工作也就变得有趣起来了。"林泉成在学厨初期就有个小本本，记录下每样原材料的做法，已经累积了20多年，现在这些积累都变成了他厨艺提升的法宝。

林泉成还有一个独特的爱好。"我特别喜欢参加烹饪比赛，从1994年就开始参赛了，到现在已经有20多年。"林泉成说，每一次的烹饪赛事，他都能看到、学到很多东西，同时也能认识不少厨行的前辈、同行。这些对他而言，都是积累的过程。"别看每次参加烹饪比赛都很紧张，但确实能增长见识和阅历。我如今对美食、对烹饪有着非常多的理念和灵感，这跟我平时接触面广、看得多、想得多是分不开的。做起菜来，我的灵感仿佛源源不断！"

如今的林泉成已经开始成为各大烹饪赛事的评委，更经常有机会到电视台录制节目与电视观众分享他对美食的看法。同时，他已经是IHG洲际酒店集团大中华区行政总厨。"这个职位与厨师不同，我需要规划整个集团餐厅的发展未来，我之前积累起来的知识现在都派上了用场，我想把大中华区的高手都集中起来，资源整合，做出在全世界都有影响力的中餐！"

在"地狱厨房"中学习"全能"

尽管已经在多家酒店任职过，林泉成对自己从厨生涯中印象最深刻的记忆仍然是2004年，他经朋友推荐去迪拜的七星级帆船酒店工作的经历。他说，在那里，他工作的地点是"地狱厨房"。"当时在大马，我感觉自己遇到了瓶颈，我渴望突破自己，所以，当朋友提及迪拜的七星级帆船酒店，我立刻就同意过去了。对我而言，越是好的酒店，越能让我学到更多知识，积累更多经验。我从来没想到，那段经历，真的是用'地狱'两个字形容才最为恰当。"

到了迪拜以后，林泉成的工作从每天早上9点开始，要一直持续到午夜12点。因为迪拜人吃饭的时间会到晚上12点，晚上11点以后还会有很多客人来。

再扣除每天上下班的交通时间，林泉成平均每天的睡眠时间只有四五个小时。

"那段时间，真是感觉闭上眼睛天就亮了，就要起来上班了！"如果赶上周末，工作时间有时会延长到17个小时。在帆船酒店工作1年后，林泉成感觉自己中午配菜时，切着菜就能睡着，走路的时候，眼皮也会不自觉地合上。因为工作量实在是太大，他太累了。了解中餐厨房的人都知道，诸如配菜这类的工作，在酒店的中餐厨房中是由专人负责的，根本不需要大厨亲自做。而在帆船酒店则不然，这里对厨师的要求是"全能型"——切菜、炒菜、甜点、面点都要会做。"我们中餐厨房总共只有5个人，2个炒菜，2个配菜，1个蒸、打荷，要做130～150人份的点心，还要做宴会咖啡厅自助餐等，工作强度之大可想而知，不可能全靠配菜和打荷，他们顾不过来。"通常每天中午11点半到下午2点半是林泉成最忙的时段。2点半后，虽然午餐时间已近结束，但林泉成还要整理厨房，换标签，准备晚餐要使用的食材。他通常是没有时间休息的。尽管，酒店中餐菜谱上的菜品并不多，大概只有10～20道，但需要3个月换一次。而且作为全球唯一的七星酒店，对菜品的要求很高。不仅食材要新鲜，不能太油腻，也不能太咸，还要让菜品能带给客人一定的惊喜，也就是在摆盘上要"赏心悦目"，而在口味上则要"回味无穷"。

身体上的疲惫对于林泉成而言，还不是最难受的，他面临的还有精神上的挑战。一方面，七星级酒店严苛的管理制度让他颇感压力，就连餐厅里看似简单的"听单"也让他适应了一段时间。所谓的"听单"是指这里的waiter（服务员）是中餐西餐同时下单，此时会有一个西餐人员读英文的单子，所以就要求厨师的英语水平过关，同时要注意力非常集中。当听到自己需要准备的菜品时，要报上做好菜的时间。因为这里"起菜"需要中西餐一起，如果中餐烹饪的时间短，那么就要等到和西餐能差不多时间完成的时候才可以做。这点说着容易，其实很难做到。"厨房里很吵，而通常一次下单会有二三十张，要同时准备。不一样的台、不一样的食材、不一样的要求，真的非常不容易。"

而酒店的管理更是让林泉成一直紧绷着神经，不敢有一刻松懈。"从早晨到酒店后，我的基本工作流程是查单——准备——订货——收货——看订单——检查。其中最重要的一环要属检查——每3小时检查一次冰箱，因为如果冰箱坏了，里面的食物在3小时以后就可能坏掉。检查后必须签名。仓库里的任何东西开盖后都要马上贴上标签，标注是几时打开的。罐头1个月就必须换；冷冻库里的食物最多1个月就必须换。诸如此类的细节管理，在迪拜全部是常规而细致的工作要求。酒店成立了专门的卫生检查组，每3～4天检查一次，且不定时。一旦检查不合格，就会减分数，累积起来3个月后就会扣花红（奖金）。无论是检查到谁不合格，整个厨房的花红都会全部扣掉。没有人能预知什么时候会被检查到，所以每天早晨一到厨房就不由自主地紧张起来了。"

尽管林泉成总是用"地狱"来形容在迪拜工作的那段时间，但他自己也承认，正是那段时间让他能够快速提升！"越是困难的时候，越是人成长的时候，我后来发现，在迪拜工作的那段时间，我自己的成长速度超快，快到令我自己吃惊的地步。当时我就想，原来所有的困难都是因为能力还没达到，一旦能力达到了，那么所有的困难都能解决，也就不能称其为困难了。"

以细腻和严谨：迎接挑战

我跟林泉成相识，是他在北京国贸大酒店工作期间来北京电视台录制一档节目，教观众制作传统马来西亚肉骨茶。估计那时他还没有太多参与电视台节目录制的经验，偶尔有一点儿冷场时，我就会赶忙找一些话题，让节目变得连贯起来。可能就是因为这个，他对我的印象不错，时常说，跟我搭档节目就很完美。而我也是在录制节目的过程中，一点点感受到了他做人做事的严谨和细腻。录制肉骨茶的那期节目，他带到现场来一套特制的餐具，一个煲配着几个碗，挺漂亮的。我就随口跟他说了一句："你这餐具挺专业的啊。"结果，他临走的时候，就把餐具连同香料包一起给我留下了。录节目时，我俩的神经都高度紧张，我很难好好学菜。他那天教完，我没太记清楚做法，就在微信上问他。结果，他整理了一个非常详尽的制作方法发给我。这份菜谱，我收藏至今，就为了保证我每一次做肉骨茶的时候，都是同样的味道。肉骨茶是他们马来西亚人的传统菜式，就像我们的老北京炸酱面一样，有家的味道。如今这个林师傅肉骨茶已经成为我的一个当家菜了，有朋友来聚会的时候，我经常会做这道菜来秀一下。有了这次的经历，我知道了他的认真和细腻，很多事我就不随便跟他说了。他也喜欢打高尔夫球，有几次打球时碰上了，他离开北京的时候，就把他的高尔夫练习卡留给了我。我真的挺感动，被朋友这样细致地关心的感觉真好。

林泉成不仅对待朋友认真细腻，在工作中更是如此。我跟朋友去他任职的酒店吃饭，他身穿崭新的厨师服出来接待我们，还一本正经地给我们介绍每一道菜式的特色。其实，当时在酒店的包间里，只有我们三个人。林泉成依然一丝不苟，没有半分懈怠。这是他的职业操守和职业习惯，酒店就是他的工作场合，我虽然是他的朋友，同时也是他的客人。他是这样一个人，在工作中时刻要求自己做到完美。

不过，我这个来学菜的学生，就没法像他一样做到完美了。林泉成说，我跟他学的海南鸡饭和Laksa能打70分，比及格略好一些。这还是因为我有一定的烹饪基础，虽然是初次做，但已经不错地完成了！学菜的间隙，我跟林泉成聊天，问他性格上的这种细腻到底是怎么形成的？跟工作有关系吗？他回答说："可能是时间的关系吧。年轻的时候也没这么细腻。做服务的工作越久，越懂得将心比心的道理。尤其是在大酒店里工作，一定要想到客人前头去。如果客人没有提出的要求都能得到满足，客人是不会忘了这家酒店的。"

这就是林泉成的追求，他对工作细腻严谨，对自己则挑剔且追求完美，做一件事一定要努力做到极致。"不管从事什么工作，如果能享受你的工作，你身体的潜能就能爆发。所以，我很感谢那些在工作中、在人生道路上，刁难过我、欺负过我的人，因为他们的存在给我带来了困难，而这些被我一点点解决了的困难现在都变成了我的能力。"

我问林泉成，作为顶级大厨，他最害怕客人点什么菜？他想了想回答我说："最怕点酒店没有的菜。其实只要食材齐备，做菜并不难。就怕遇到客人要求吃的食材酒店根本没有，如果遇到这样的客人，那就是老天爷给我们的考验了。要怎么去满足客人的需求，这是每一个大厨都需要去解决的问题。而这个问题，只要在厨师这个位置上一天，就有可能会面对。"他对这样的挑战甘之如饴，仿佛还带着一点点期待，等待着用一次又一次的惊喜去面对客人给他的考验。

海南鸡饭

主料
鸡1只，白米

配料
姜，香兰叶，辣椒，小辣椒，蒜头，葱头，酸柑

调料
盐，食用油

制 作 步 骤

鸡烹调法：

① 把鸡洗干净，搽盐搁半小时，之后把盐洗掉，再在鸡腹中塞1汤匙盐，少许姜和蒜头。

② 煮沸一锅水，水里放1~2汤匙盐。

③ 将整只鸡放进煮开的沸水中，用文火煮10分钟左右，把鸡捞起，沥干水分，放入沸水中再煮10分钟，把火熄了加盖10分钟捞起，待凉，切块。煮鸡时应不时翻动，以便鸡熟透。

鸡饭煮法：

① 把米洗干净，至少搁半小时，饭会比较松软好吃，也比较好煮。

② 爆香蒜头，把白米炒一炒。

③ 把饭倒进锅里，加入适量鸡汤、盐和香兰叶，一起把饭煮熟。

辣椒酱做法：

① 把辣椒、小辣椒（视各人喜好而定），去了皮的蒜头、葱头、姜切片，放进石臼里舂烂。

② 在舂好的辣椒里放入适量的盐，倒入滚烫的鸡汤，淋上适量酸柑汁。最后，洒上些许芝麻油和酱油，通常佐以一碟酱油、红辣椒和一碗鸡汤。

大 师 私 语

　　鸡最好选重2公斤或以上的，这样的鸡才够肥，够油分，煮出来的鸡肉和鸡饭才比较香。煮鸡时绝不能用大火，否则皮掉肉硬，破坏品相和口感。淋辣椒的鸡汤必须滚烫，把辣椒浇熟味道才好。做好的辣椒酱应当天吃完，隔夜的辣椒酱味道会比较逊色。

Laksa

主料

黄面，干粉丝

配料

豆芽，虾，鸡蛋，鱼饼，豆腐泡

调料

3汤匙油，1/2包（120克）的即食马来西亚咖喱酱，2杯鸡汤，2杯水，2根香茅（只白色部分，捣烂），5片青柠叶（可选），1/2杯淡奶，1/2杯椰奶，盐适量

制 作 步 骤

① 虾去皮，去内脏煮熟，鸡蛋煮熟，切成四块，鱼饼切成片，豆腐泡切成片。

② 锅中放入油，下即食咖喱酱炒香。

③ 加入鸡汤、水、香茅、青柠檬叶子、豆腐泡，大火煮沸。

④ 改小火，加入椰浆和淡奶，加入盐调味，保持小火，即为叻沙汁。

⑤ 将黄面洗净沥干待用。用一些温水浸泡干粉丝至软，沥干水分，待用。

⑥ 另起一锅，放水煮沸后，加入黄面、粉丝，一小撮豆芽煮熟，捞出沥干水分盛入一只大碗中。

⑦ 将虾、鱼饼、豆腐泡、煮鸡蛋摆在面条上，浇上步骤④煮好的叻沙汁即可。

大 师 私 语

　　这是一道起源于马来西亚的面食料理，为马来西亚和新加坡的代表性料理，可谓色香味俱佳的主食。

大 师 眼 中 的 我

三个词概括吴冰

如果说，只能选择三个词来形容吴冰，我最想选的是积极、乐观和谦虚。她特别有活力，永远有讲不完的笑话。她本人已经是知名的主持人，却对美食一直保持着一颗好学的心，遇到每个大厨，她都以一颗谦虚的心来求教，这很难得啊。

把美味的理想变成现实

英国利物浦大学约翰莫里斯商学院MBA硕士研究生，乙十六餐饮集团总裁。

马　泽

马泽是厨师吗？严格意义上讲不是。马泽是餐厅的总裁吗？也很难这么简单界定。他做的最主要的生意其实是时尚产业，却因为对美食的理想而将餐厅开得有声有色，也有滋有味。他的餐厅有文化、有传承，他在餐饮这个圈子里有追求。确切地说，他算是餐饮人。他现在也是不错的"家厨"，虽然从不在餐厅里炒菜，却喜欢在家里烧一桌子菜招待朋友，享受"光盘"的乐趣。

缘起乙十六

乙十六的总裁马泽和《食全食美》的制片人倪小康对于我这本书而言，是两个不得不提及的重要人物，而我与马泽的相识也恰好是因为倪小康。

我一直喜欢做饭，这件事圈里不少人都知道。因为朋友、家人都说我做的菜味道不错，我也一直对自己的厨艺颇为自信。直到我加入了《食全食美》，开始主持美食类节目。每天跟顶级的大厨一起交流学习，这才发现，我以前的那些所谓厨艺根本上不了台面，完全经不起推敲。于是，我开始萌生了这样一个念头：通过节目录制，我能认识那么多自己喜欢的烹饪大师，能让他们来指点我做菜，这是多么难得的机会啊。我得想想，怎么才能跟这些大师学到更多的东西。因为节目录制的时间其实是非常紧凑的，在录制现场能学到的东西有限。琢磨来琢磨去，我终于有了主意，反正大师们总有空闲的时间，只要他们有空，我就去他们的后厨跟他们偷师！

当我确立这个想法时，刚好经由倪小康介绍认识了马泽，于是就对马泽表达了想去乙十六学菜的心思。马泽特别痛快地答应了，并帮我安排好了时间，进入到乙十六的后厨。说实话，这是我人生中第一次看到餐厅的后厨是什么样子，锅有多大、多沉，厨师们是怎么操作的……

我去学菜时是北京的盛夏，天气特别炎热，厨房里的温度更是高到让人难以忍受，只要走进去，什么都不做，衣服就已经湿透了。而厨房里不停转着的鼓风机，还不断发出强大噪音。那天，我试验了一下颠大勺，发现这真是一个体力活。那是我第一次真正走进厨师的生活，开始了一次厨师的体验。

我把在乙十六学会的菜式回家做给妈妈吃，妈妈觉得非常好吃，可谓学以致用。当时我心头有个念头一闪而过：像这样难得的跟大厨们学菜的机会，我如果能分享给大家，是不是会有更多的人因为我的分享而受益？因为我相信，每一个热爱美食的人都会跟我一样，有着这种被大师们指点的渴望。所以，我就把这次学菜的过程发在了朋友圈。没想到，倪小康看到后马上找到我，对我说："你应该出一本书，美食方面的主持人中，能够像你这样说干就干，直接钻到餐厅后厨去学东西的人不多。你自己学了，还应该分享，不如出一本书把你学到的东西告诉大家。"

对于当时的我而言，出书是一件特别遥远的事情，而且我觉得自己又不是大明星，我出书会有人看吗？但是我后来想，其实不用纠结那么多，只要带着美好的愿望——想让跟自己有着一样想法的人，得到我的分享，这就已经足够了。于是，从乙十六开始，我拿出了整整2年的时间学菜，跟大厨聊天，这才有了这本书的出现。所以说，有些事情一旦有了想法，就要第一时间去实施，只要开始做了，就一定不会后悔。

说实话，在乙十六学菜的当天还是蛮辛苦的，我在闷热的厨房里足足待了2个小时，身上的衣服不知道被汗水浸透了几次，但现在回想起来，却觉得非常值得。

先有乙十六，后有御膳堂 ···○

提到乙十六，很多人都会好奇这个名字的由来。其实，那是一个门牌号码。至于马泽这位时尚界的老板，怎么成了餐饮人，用他自己的话说，完全是歪打正着。

当年的乙十六主要经营的菜式是官府菜和粤菜。因为第一家店就开在有着600年历史的地坛公园旁边的一个别苑。古时这个别苑就是地坛公园的一个小花园，是为地坛公园培育花草的地方。2003年市场化，他们将它租了下来。当时，这里破败得相当厉害，于是他们又是接天然气，又是重新安装消防设施，然后按照原来的式样重新粉刷那些斑驳漏雨的亭子、殿宇，一点一滴把它整修了起来。地砖有一些裂了，找的是修天安门城楼的老师傅的儿子，请其按照古代的做法将地砖补好。经过近8个月的整修，复原了这里600年前的样貌之后，开始对外营业。

起初，这间餐馆只有六七间包房，谁也没想能把这做得有多大。也许是菜品极具创意，也许是服务非常到位，也许是公园本身就接地气，这家小餐厅火了起来。马泽这才意识到，这家餐厅需要更大的面积。于是，他们再度改造，拆掉了原来的办公区、员工宿舍，将其改建成为一个能容纳500人用餐、有17个包间的真正意义上的园林餐厅。现在回想起来，乙十六的初始团队还有点感叹，因为当初租下这里完全是想当作办公室，谁也没想到，会变成一家餐厅。

"所以，连餐厅的名字都没起，乙十六就是门牌号。当时客人们问来餐厅怎么走啊，我们的服务员就会告知客人找和平里中街乙十六号。结果餐厅火了之后，客人不知道这个餐厅叫什么名字，就知道乙十六。"后来，马泽就把"乙十六"作为商标注册下来了。

乙十六餐厅虽然是歪打正着，但马泽在规划和设计乙十六的菜品时可是丝毫也不马虎。他要让乙十六不仅仅是个餐厅，更是精致、有文化、有一定内涵的会所。"当时我们的目标是美的三次方，就是到乙十六来不光有美食，还有美景和美型。美型，就是摆盘要好看。"马泽特别了解自己的优势和劣势，

"我们几个老板都不是专业的厨师出身，我们怎么去跟专业人士竞争？那些厨艺大师的餐厅会在菜品的口味、营养搭配上下功夫，我们在这些方面虽然也积极努力去做，但更多的是请厨师长和研发中心负责。我们本身不是厨师，更在意的是站在食客的角度上，除了要吃美味，同时希望欣赏到美景。这就是我们的初衷，做一个精致的人文餐厅，边吃、边看、边享受。"

要实现美的三次方，除了在餐厅的装修上下功夫，马泽还特别注重菜品的摆盘。乙十六的摆盘以食物为核心，以创意为点缀。一道简单的老北京小凉菜炸咯吱，马泽配的菜品竟然是一个个小果球，有西瓜，也有奇异果和火龙果。被这么一搭配，这道菜口感清爽了不说，看上去也是非常漂亮。为了增加意境，菜品上桌时还搭配上了干冰。马泽叹道："什么叫美？其实我觉得大家对于美的理解都不一样，但是如果一道菜一上桌，每个人都愿意掏手机拍照，我觉得这目的就达到了。"

这些菜品在美型上的创新基本上都是由他来完成。"虽然不是厨师，但我会画画，对审美是有一定的自己的见解的，所以厨师研究出好吃的菜品，我来负责美化它们。"

马泽最得意的地方是他能将生活中一般人看不到的美好放进菜里去，比如说新奇的器皿。"乙十六装修的时候，设计师拿了一个很漂亮的烛台来，大概是9个托儿都朝上，我想了下，要厨师把虾球放在烛台的托儿上。单独的虾球不够美观，我就跟厨师商量在虾球外面裹了很细的龙须面，经过高温一炸，每一朵虾球就好像一个含苞欲放的一个莲蓬头，特别漂亮。我当时的工作就是把生活中的工艺品或者小摆设弄到餐桌上去。"

成功经营乙十六之后，团队有了经验也有了信心，再加上马泽那对于传统文化的执着理想，他们有了再一次园林餐厅的尝试。于是他们投标成功，一举接手了北海公园的御膳堂。北海公园的御膳堂，是当年乾隆爷的老妈住在北海时使用的厨房。接手这家餐厅，马泽当时很有些雄心，想在这家餐厅中恢复满汉全席，甚至重金聘请了老师傅来研究菜品。但是，却因为种种原因，不得不放弃。对此，马泽多少有些愤愤不平，但他心里对于传统美食文化的执着没变，他还要做，做那种有文化的、有历史的、有情怀的餐厅。

先做老板，后当厨师

对于厨艺这件事，马泽说，在经营管理餐厅之前，他其实一窍不通。后来因为尝得多了，见得也多了，就喜欢上了。因为开餐厅的关系，马泽有很多机会跟餐饮圈的朋友交流，时常能获得最新鲜的食材。他说，好食材不能辜负，便常常自己动手制作。每年到了吃螃蟹的季节，他都会用家里珍藏的茅台酒来制作醉蟹。马泽说，现在的他，在家里搞一桌宴席已经毫无难度。

从厨艺小白到不错的家厨，他的兴趣从何而来？马泽说，主要来自成就感。"做菜跟写字画画一样。比如说我送你一幅字，我去你家看到你把这字挂在客厅里，那感觉跟放在洗手间里肯定不一样。做菜也一样，特别是当你在家里请亲近的朋友吃饭，朋友们觉得好吃，走的时候打包点儿，或者下回到你家来时自己点单要吃什么菜，这就变成了一件好玩也有成就感的事儿。"

马泽说，自己做菜越多就越能体会到厨师的情怀。一个厨师如果只把炒菜颠勺当成一份工作来做，那么他炒出来的菜就不会好吃——因为没有生命，没有厨师的情感投入在其中。"不管做什么事，都要倾注情感。说到自己喜欢的菜式，好的厨师能拉着你聊几天几夜。"当然，拼厨艺，马泽说他与那些大厨的差距还是很大，但他的菜胜在家常。他最拿手的菜就是煲鸡汤、卤猪蹄和素烧茄子，都是最平常的菜品，但由于他使用的都是最好的食材，也不惜时间，所以这几道菜在他家的厨房里点单率最高。"食材真的很重要。只要是食材好，厨师就不需要采用太过复杂的烹饪手法。最简单的手法、最正确的火候已经足够了。好食材本身，已经能给这道菜打个50分。再差的厨师，食材选得好，都是及格的厨师。"

马泽这位自诩"及格"的厨师对餐饮业始终怀揣热情。虽然，现在的他，做的是总裁，说不定将来会有那么一天，他从总裁变成一位主厨呢。

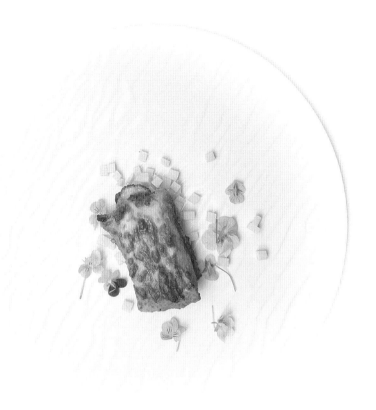

焗鳕鱼

主料
鳕鱼1000克

调料
姜10克，米酒10克，葱段20克，柱侯酱10克，万字酱油，糖5克

制 作 步 骤

鳕鱼切后片，用姜、酒、葱段、柱侯酱、酱油、糖腌渍15分钟，腌好后上烤箱250度焗15分钟即可。

大 师 私 语

好食材宜用最简单的做法。鳕鱼肉细腻、滑嫩，层次感分明，表皮香脆，微甜。

千叶豆腐煲

主料

熟五花肉150克，千叶豆腐300克，蒜苗50克

调料

油、盐适量，葱、姜适量，蒜瓣3个，生抽20毫升，白糖1克，香油适量，鸡精少许，郫县豆瓣酱20克

制作步骤

① 五花肉煮熟切片，蒜苗摘洗干净。

② 把千叶豆腐洗净切片，蒜苗切段。

③ 炒锅倒油，爆香葱、姜、蒜，倒入熟五花肉翻炒片刻，然后加入郫县豆瓣酱翻炒。炒至出香味，倒入千叶豆腐。

④ 继续炒至豆腐上色，加入生抽、盐和少许糖，再放入蒜苗翻炒。

⑤ 最后淋入香油，加少许鸡精，翻炒均匀关火。

大师私语

千页豆腐，口感Q弹爽脆，而且有超强的汤汁吸收能力。用它制作干锅微辣咸香，非常可口下饭。

大 师 眼 中 的 我

百分之百是个贤妻良母

跟吴冰一起主持美食类节目，发现她挺专业的，不停地学习，不管是食材、食物的特色，还是烹饪的手法她都懂一些，感觉她聪明、热情、好学。她来店里学菜，看她学菜的过程，以及学好了之后回家就给家人做，可以看出她非常清楚自己要什么，而且百分之百是个贤妻良母。

图书在版编目（CIP）数据

有滋有味 / 吴冰著 . —北京：中信出版社，
2017.1
ISBN 978-7-5086-7019-5

I. ① 有… II. ① 吴… III . ①饮食—文化—中国
IV . ① TS971.2

中国版本图书馆 CIP 数据核字〔2016〕第 279948 号

有滋有味

著　　者：吴　冰
出版发行：中信出版集团股份有限公司
　　　　　（北京市朝阳区惠新东街甲 4 号富盛大厦 2 座　邮编　100029）
　　　　　（CITIC Publishing Group）
承 印 者：北京盛通印刷股份有限公司

开　　本：787mm×1092mm　1/16　　印　张：12.5　　字　数：170 千字
版　　次：2017 年 1 月第 1 版　　印　次：2017 年 1 月第 1 次印刷
广告经营许可证：京朝工商广字第 8087 号
书　　号：ISBN 978-7-5086-7019-5
定　　价：48.00 元